AF588987

CULTURE

DES

PRAIRIES ARTIFICIELLES.

SOCIÉTÉ D'AGRICULTURE

DU

DÉPARTEMENT DU CHER.

RÉIMPRESSION DES MÉMOIRES

DE M. C.-A. DE BENGY-PUYVALLÉE,

SUR

LA CULTURE

DES PRAIRIES ARTIFICIELLES.

BOURGES,

IMPRIMERIE ET LITHOGRAPHIE DE JOLLET-SOUCHOIS,

Impr. de la Société d'Agriculture et du Comice agricole.

1842.

SOCIÉTÉ D'AGRICULTURE

DU DÉPARTEMENT DU CHER.

PRAIRIES ARTIFICIELLES.

RÉIMPRESSION

Des Instructions et Rapports faits par M. DE PUYVALLÉE.

Proposition faite à la Société d'Agriculture du département du Cher, par M. le vicomte DE COULOGNE, *Membre de cette Société, dans sa séance du* 12 *février* 1842.

MESSIEURS,

Un exposé des archives de la Société d'Agriculture nous fit connaître qu'il restait à peine à sa disposition quelques exemplaires des premiers bulletins qu'elle a publiés.

Frappé de l'importance de ces premiers bulletins, du souvenir de la supériorité avec laquelle le sujet m'avait paru traité, ainsi que de l'utilité qu'il y aurait à les répandre encore, j'en demandai la réimpression; je demandai au moins, dans un prochain numéro, une nouvelle publication de ce qu'ils contenaient de plus intéressant.

Ce sont des rapports faits sur les avantages, sur la nécessité des prairies artificielles, et des instructions sur les moyens de les établir et de les conserver dans le département du Cher.

Mais, me fut-il répondu,—c'est une question qui maintenant paraît épuisée, un sujet rebattu sur lequel nous avons arrêté nos convictions. — Cependant, vous voulûtes bien m'engager à rappeler ma proposition dans une autre séance, en l'appuyant de quelques motifs.

S'il s'agissait encore aujourd'hui, Messieurs, de fixer votre attention sur l'utilité des prés artificiels, je demanderais simplement à faire ici la lecture de l'excellent rapport de M. de Puyvallée, dans la séance du 19 février 1820; mais telle ne pouvait être ma pensée lorsque la Société, en faisant de ce rapport son premier bulletin, a prouvé qu'elle avait si bien compris quelle est la base de toute bonne agriculture. Ce fut son point de départ, c'est avec lui qu'elle a, en quelque sorte, marqué ses premiers pas dans la carrière d'améliorations qu'elle a parcourue.

Beaucoup de progrès ont pu et peuvent être signalés, mais ces progrès sont-ils tels que l'influence et les conseils de la Société sur cette partie essentielle de l'art agricole ne soient plus nécessaires? Malheureusement non. Pour peu qu'on s'éloigne des points les plus éclairés, et où cette bonne influence s'est fait sentir, on remarque avec peine l'ignorance où sont encore la plupart des cultivateurs, et leur répugnance à changer leurs méthodes, répugnance dont la cause principale est l'absence d'une bonne direction, absence qui souvent a rendu infructueux, quelquefois même préjudiciables, des essais ou des entreprises faits maladroitement et sans intelligence.

Je suis ici l'interprète de plusieurs agriculteurs notables qui, gémissant de cette situation, exprimaient le regret de n'avoir pas à leur portée un moyen d'instruction facile, un guide sûr, un résumé bien fait, un moyen enfin d'éclairer, de remuer, et de faire produire un département dont le sol n'est pas ingrat, dont l'agriculture est la ressource principale, et qui cependant, comparé à tant d'autres, est dans un si grand discrédit.

Or, ce résumé, vous l'avez apprécié, Messieurs, c'est le travail dont je demande la réimpression; le bien qu'il a fait nous est un sûr garant de celui que nous attendons; il n'a pas eu d'autre défaut que celui de n'être pas assez connu, il faut donc le multiplier, et sa publication à l'époque où nous sommes me semble des plus convenables et des plus à propos.

En effet, n'est-ce pas lorsqu'on est si préoccupé de la question de l'introduction des bestiaux étrangers, question sur laquelle, ici même, vous avez entendu naguères un lumineux rapport (1), lorsque nous avons à combattre la crainte souvent exprimée d'une production de bestiaux de boucherie insuffisante en France, qu'il convient d'indiquer encore avec instance les moyens d'en élever un plus grand nombre, et les seuls moyens même de les obtenir à un prix de revient qui permette d'avoir enfin moins à redouter les rivalités étrangères.

(1) Rapport de M. Fabre, Membre de la Société, séance du 4 janvier 1842.

C'est par les prairies artificielles que les contrées d'outre-Rhin ont obtenu leurs richesses agricoles et leur supériorité ; c'est avec ses belles et vastes luzernières qui se présentent sur plusieurs kilomètres de longueur que la Bavière peut envoyer jusqu'en France des bestiaux qui, malgré les frais du voyage, y coûtent encore moins cher que les nôtres.

Mais, sans aller chercher nos exemples aussi loin , c'est au moyen d'instructions du genre de celles que je réclame, d'instructions réitérées et mises à la portée du cultivateur par des hommes intelligents et actifs, que la province de *Champagne* est entrée depuis environ quatre-vingts ans déjà dans cette voie d'amélioration pour arriver à l'état prospère où nous la voyons aujourd'hui, en se débarrassant peu à peu du parcours et de la vaine pâture, cette lèpre des campagnes. C'est avec ses sainfoins que d'un état si maigre et qui lui avait valu un surnom ignominieux, elle est parvenue à pouvoir être citée comme ayant acquis une valeur au moins double de celle du Berry actuel, ainsi que vient de l'exposer avec beaucoup de justesse M. le Président du Comice Agricole de Bourges, dans un article du journal le *Novateur*.

Je possède un de ces petits traités publiés en Champagne en 1759 ; il indiquait une bonne division des terres et pourrait encore aujourd'hui être le guide de beaucoup de cultivateurs. On y trouve cette idée si juste, seulement développée dans les écrits qui ont paru depuis : *Que tout en culture se réduit à des engrais proportionnés au besoin des terres ; à des bestiaux proportionnés à la quantité des engrais ; et à des prairies proportionnées à la quantité des bestiaux.*

Primò pascere , est en quelque sorte l'épigraphe qu'a mise M. de Puyvallée sur ses écrits.

Si tu veux avoir du grain, fais de l'herbe : Tel est aussi le proverbe des pays bien cultivés.

Une autre considération, Messieurs, qui doit faire insister d'une manière particulière sur cette question des prés artificiels, c'est l'engouement pour ces perfectionnements si coûteux, cette application souvent désastreuse de tant de belles théories, ces cultures sarclées et autres, dont l'usage modéré est très bon, mais dont l'abus a causé des erreurs fatales où sont tombés tant d'agriculteurs, et qui ont fait vendre en détail tant de belles propriétés.

Il faut cultiver avec profit ou vendre sa terre,

et la vendre en détail ; mais, ainsi que l'a dit un habile agronome (1), dans quel système de culture les propriétaires trouveront-ils un profit tel qu'ils passent tout à coup du désir immodéré de vendre au désir de conserver ? Précisément dans ce système de culture fourragère, dans cette création étendue de produits animaux qui est en même temps une richesse particulière et une richesse nationale.

Les instructions publiées il y a vingt ans par M. de Puyvallée ne doivent plus être, m'a-t-on dit, en rapport avec les progrès actuels. Je l'ai cru un instant ; vous pensez bien toutefois, Messieurs, que je ne pouvais avoir l'idée de corriger l'œuvre de M. de Puyvallée ; seulement mon désir de me rendre utile et de justifier la place que vous avez daigné me donner au milieu de vous, m'avait laissé croire, ainsi que cela m'était conseillé, qu'il était possible d'en essayer un extrait, et d'y ajouter le résultat de quelques nouvelles expériences. Mais, après avoir lu attentivement ces instructions, et examiné les ouvrages plus étendus et plus nouveaux

(1) M. Rivière, sur le morcellement des propriétés, *le Cultivateur*, journal, avril 1841.

qui pouvaient être consultés, je n'ai pas tardé à me convaincre que les écrits de votre ancien président étaient aussi bien appropriés à l'époque actuelle qu'à celle où ils parurent pour la première fois. L'avis de praticiens capables, auxquels j'ai soumis mes observations, a été que je devais vous proposer la réimpression pure et simple d'un travail fait de main de maître et avec cette sûreté de coup-d'œil et d'appréciation que vous avez pu remarquer plusieurs fois; travail qui ne pouvait souffrir ni retranchement ni addition; sauf à faire connaître dans vos bulletins successifs les diverses modifications que le temps pouvait apporter et rendre nécessaires.

J'ai donc l'honneur de vous demander, de la part de plusieurs propriétaires, et notamment au nom du Comice Agricole de Saint-Amand-Mont-Rond, la réunion en un volume des matières, concernant les prairies artificielles, contenues dans les bulletins n°. 1, n°. 2, et n°. 8. Ce sera un excellent petit manuel agricole à répandre dans nos campagnes, et qu'il faut rendre populaire.

La Société, par cet utile emploi d'une partie de ses ressources, donnera un puissant encouragement, en montrant ainsi l'importance qu'elle y attache. Elle fera sentir son action de la manière la plus efficace, et en même temps honorera l'Agriculture dans la personne de celui de nos concitoyens contemporains qui a le plus contribué à la perfectionner par ses exemples comme par ses leçons.

Je me trouverai heureux de l'avoir proposé et d'avoir ainsi pu m'associer à ce nouvel hommage rendu à la mémoire de cet homme de bien.

La Société d'Agriculture adopte cette proposition et arrête qu'elle sera imprimée et placée comme introduction en tête du volume demandé.

RAPPORT

FAIT

A LA SOCIÉTÉ D'AGRICULTURE

DU DÉPARTEMENT DU CHER,

SUR

LES PRAIRIES ARTIFICIELLES,

PAR M. DE PUYVALLÉE FILS AÎNÉ.

Séance du 19 Février 1820.

MESSIEURS,

Sans doute il n'est aucun des membres de cette Société qui, depuis l'époque où il a été à même de surveiller l'administration de ses propriétés rurales, n'ait remarqué avec peine l'état de gêne et de malaise qui pèse sur notre culture, la médiocrité des récoltes, la rareté des engrais, et le sort précaire de nos bestiaux pendant les deux saisons de l'hiver et du printemps.

Des avances considérables de la part du propriétaire, des frais énormes de culture pour le laboureur, n'offrent en dernier résultat que des produits totalement disproportionnés avec les efforts qu'ils ont coûtés. De là ces espèces de banqueroutes rurales que la misère arrache si fréquemment à nos laboureurs ; de là cette gêne presque universelle parmi les propriétaires ; gêne qui aurait pour notre pays les plus funestes conséquences, si, dans nos mœurs, une sévère économie ne luttait avec avantage contre les désastres habituels de la culture et la modicité des revenus.

Cependant, Messieurs, tandis que la terre semble ouvrir à regret son sein pour nous, d'heureux voisins étalent autour de notre département le tableau de la plus florissante culture. Chez eux l'abondance est dans les champs, dans les greniers, dans les étables ; et l'homme et ses bestiaux, même dans la saison de l'hiver, ignorent ces nombreuses privations auxquelles ils sont soumis dans notre département.

Quelle peut être la cause de ce contraste frappant ?

Et d'abord, Messieurs, je vous avouerai que je suis loin de partager l'opinion de ceux qui l'attribuent à une certaine indolence tant reprochée aux habitants de nos campagnes. Un séjour habituel au milieu d'eux m'a détrompé de cette erreur. Dans tous les pays l'intérêt présente les mêmes résultats, et partout il fera naître l'industrie et le travail quand il offrira au travail et à l'industrie des chances avantageuses. Nos compatriotes sont, à cet égard, ce que sont tous les hommes. Pour vous en convaincre, jetez les yeux sur l'industrieuse et laborieuse culture des marais et environs de Bourges, des environs de Saint-Amand, Mehun, Vierzon, et en général de toutes les villes qui présentent un débouché certain et lucratif aux efforts de la culture; jetez les yeux sur des cantons entiers, sur celui de Saint-Martin-d'Auxigny, sur le Sancerrois, et tous les pays de vignobles; partout vous verrez l'espoir du gain développer toute l'industrie du cultivateur. Je dis donc avec une entière conviction, et avec la satisfaction d'un ami de mon pays, des mœurs douces constituent, il est vrai, le caractère des habitants de nos campagnes; mais si dans nos plaines on remarque une certaine indolence, cette indolence est l'effet de la misère, elle n'en est pas la cause. Cherchons donc ailleurs les raisons du contraste que présentent notre culture et celle de quelques départements voisins.

Des observateurs inattentifs ont voulu les trouver dans l'ingratitude de notre sol. Je suis loin, Messieurs, de comparer le sol de notre département à ces terrains privilégiés qui environnent au loin la ville de Paris. Ces cantons, que la nature a doués d'une étonnante fertilité, ne peuvent servir ici de terme de comparaison. Mais il est des contrées où la culture languissait autrefois et où elle fleurit aujourd'hui. Or, je dis que, dans ces contrées moins favorisées de la nature, les terres ne sont pas plus fertiles qu'elles ne le sont dans notre département. Un fait positif et concluant me dispense à cet égard de tout autre raisonnement. Si notre sol ne présentait pas à l'industrie les mêmes ressources que le sol des départements voisins, verrions-nous, comme nous le voyons tous les jours, des cultivateurs étrangers arriver à grands frais parmi nous, avec leurs ménages, leurs bestiaux, et même leurs instruments aratoires, pour exploiter au milieu de nous des richesses qui nous sont inconnues?

Non, Messieurs, ce n'est point la fertilité de la terre qui manque à nos succès; ce n'est point le caractère des habitants de notre pays qui y met obstacle. Disons-le hautement, disons-le aux propriétaires, aux fermiers, aux simples laboureurs, une autre cause établit seule la différence frappante qui existe entre nos produits agricoles et ceux de nos voisins.

Une culture pratiquée de temps immémorial dans le nord de la France, et préconisée bien à tort dans ces derniers temps comme une découverte faite parmi les cultivateurs anglais, s'est depuis un certain nombre d'années répandue dans nos départements. Partout où elle a été admise, elle a opéré les plus étonnants, comme les plus heureux changements. Les fourrages, et avec eux les bestiaux, les engrais, et les récoltes de tout genre ont augmenté dans une telle progression, que bientôt la misère a disparu, le prix des fermes a presque doublé, et la classe laborieuse s'est enrichie en même temps que la classe des propriétaires. Cette culture est celle des prairies artificielles. Ses avantages inappréciables ont entraîné tous les cultivateurs qui en ont vu les résultats. De fermes en fermes, de clochers en clochers, elle a envahi une partie de la France; elle est enfin arrivée aux limites de notre département. Ses progrès y seront-ils stationnaires? Resterons-nous étrangers aux succès et aux jouissances de nos heureux voisins?

Nous ne pouvons nous dissimuler, Messieurs, que plus d'un obstacle s'oppose à l'introduction de ces précieuses améliorations. D'une part des propriétaires et des fermiers aisés dédaignent les soins minutieux d'essais indispensables et que l'intempérie des saisons contrarie quelquefois, comme elle contrarie toutes les autres cultures; d'un autre côté la misère des métayers repousse toute innovation qui paraît hasardeuse, parce qu'il est dans la nature que la misère, qui n'a point de superflu, ne hasarde rien. La brièveté de nos baux, le libre parcours et quelques autres causes encore contribuent sans doute à augmenter l'insouciance générale à cet égard. Mais, Messieurs, pour lutter contre tant d'obstacles, vous avez un auxiliaire puissant, auquel rien ne résiste: c'est l'intérêt. Mettez-le en jeu, et bientôt les difficultés s'aplaniront d'elles-mêmes. Mais, pour qu'il seconde vos efforts, il faut nécessairement ouvrir les yeux à nos compatriotes. Il faut leur faire connaître ces avantages précieux qu'ils dédaignent, parce qu'ils les ignorent. Cette tâche glorieuse m'a paru entrer essentiellement dans vos attributions. Il m'a semblé qu'en ce point plus qu'en aucun autre, la Société d'Agriculture pouvait remplir le but de son institution, en préparant, en accélérant l'époque d'heureux changements qui, tôt ou tard, n'en doutez point, augmenteront la valeur de vos propriétés, répandront l'aisance dans la classe des cultivateurs, et feront cesser l'état de gêne qui entrave nos travaux et appauvrit notre culture.

Dans cet état de choses, j'ai donc cru, Messieurs, entrer dans vos vues et me conformer à vos désirs en fixant particulièrement votre attention sur les prairies artificielles. C'est le but du présent rapport. Pour y mettre quelque ordre, j'envisagerai les avantages de cette culture sous deux points de vue, celui des fourrages et celui des céréales. Je vous proposerai ensuite les moyens qui m'ont paru les plus convenables pour encourager et répandre cette culture dans nos campagnes.

Primò pascere, ont dit les agriculteurs romains, et avec eux l'expérience et le bon sens. Mais si les fourrages sont les bases de toute bonne culture, que penser de la culture d'un pays où les bêtes bovines, même lorsqu'elles travaillent, n'ont pour pâturages que l'herbe des champs, où quelquefois au printemps on voit cette même herbe pacagée par les chevaux de labour, où enfin pendant l'hiver tous les bestiaux ne connaissent presque d'autre nourriture que la paille ? Ce pays, Messieurs, c'est le nôtre; et comme la rareté des fourrages y est un malheur, commun peut-être à plusieurs autres pays, je m'arrêterai sur une circonstance qui me paraît plus particulièrement remarquable dans la culture de notre province : c'est l'extrême disproportion qui, sous le rapport des fourrages, existe entre nos ressources de la belle saison et celle de la saison des frimats et des pluies. Tel domaine, disons-nous avec emphase, peut tenir 500 bêtes à laine; et nous avons raison sous le rapport du parcours; mais qu'est-ce que le parcours? une ressource de l'été. Quand l'hiver viendra; quand l'hiver et le printemps prolongeront et leurs neiges et leurs pluies, ce domaine pourra-t-il nourrir 500 bêtes à laine? et s'il ne le peut pas, que deviendront les produits de l'été?

J'en appelle, Messieurs, à votre expérience. Quelle est, année commune, le produit d'un lot de moutons acheté au printemps pour être revendu à nos foires d'automne? Prenez garde, je ne parle point ici de moutons destinés à être engraissés; la nature des terres qu'on leur consacre mériterait, sous le point de vue des prairies artificielles, une discussion qui doit être écartée ici, parce que dans notre pays les moutons gras, infiniment plus rares que les maigres, font plutôt une exception qu'une généralité dans notre culture. Je ne parle donc que des moutons maigres, et je dis : Le bénéfice des laines reste-t-il considérable quand on en à retranché les pertes résultant des maladies, des accidens divers et de la différence qui existe toujours entre le prix d'achat au printemps et celui de vente à l'automne?

Permettez-moi, Messieurs, un calcul bien simple et qui repose sur des bases que certainement vous admettrez. Des moutons sont achetés au printems trente francs la paire. Je suppose que chaque paire donne 5 livres et demie de laine. Je suppose cette laine à 28 sous la livre, ce qui fait 7 fr. 14 sous. Ces moutons restent pour 22 fr. 6 sous, et ils seront vendus à l'automne, prix moyen, 26 fr. Il y a donc environ 3 fr. 14 sous par paire de bénéfice; et ce sont ces 3 fr. 14 sous qui doivent compenser les pertes courantes et les chances fâcheuses de la pourriture, de la clavelée, de la gale et autres accidens auxquels les bêtes à laine sont soumises; qui doivent compenser les frais de garde, l'intérêt du principal avancé, les erreurs du propriétaire, soit à l'achat, soit à la vente, et enfin les banqueroutes malheureusement communes des marchands de laine. Le bénéfice qui restera peut-il être bien considérable? Convenons, Messieurs, avec tous les propriétaires observateurs, que relativement aux bestiaux nos produits d'été se bornent bien souvent, dans le cours d'un bail, à une très-mince valeur, et quelquefois même aux fumiers de nos étables dans lesquelles ces bestiaux ne passent que les nuits. Pour calculer nos produits réels, il faut donc en revenir aux produits d'hiver, c'est-à-dire qu'il faut en revenir aux fourrages engrangés pour cette saison; et, il faut l'avouer, ce n'est pas la partie brillante de notre imprévoyante culture. Notre pénurie à cet égard vous est trop connue pour qu'il soit nécessaire d'entrer dans de longs détails. Je ferai une seule remarque, parce qu'elle est à l'avantage des cultivateurs, et parce qu'elle est du plus heureux augure pour l'introduction de la culture nouvelle qui leur est proposée. Cette remarque porte sur les efforts qu'ils font pour se procurer les fourrages qui leur manquent.

En effet, Messieurs, vous voyez tous les ans de malheureux laboureurs qui vont à 3, 4 et même 5 lieues de leur domicile chercher du foin dans les pays qui abondent en prairies naturelles. Une voiture de foin pour laquelle il faut faire un voyage de 6, 8 et 10 lieues ! Quels frais énormes de culture ! Quelle perte de temps dans la saison des travaux ! N'est-ce pas le cas de dire à ces cultivateurs que le besoin du fourrage dispose à tant de sacrifices : Ce que vous allez chercher bien loin est à votre porte ; il y est en meilleure qualité, en aussi grande abondance au moins, à de bien moindres frais pour vous ? Cultivez les prairies artificielles, et vous trouverez tous ces avantages réunis. Examinons-les en détail.

Le fourrage des prairies artificielles, étant pris sur les terres du domaine, est à la portée du laboureur, et cette proximité est déjà un gain réel pour lui : gain qui résulte de la facilité dans la surveillance, dans le choix de l'époque du fauchage et dans toutes les opérations qui l'accompagnent ou le suivent.

L'époque de la récolte présente un autre avantage non moins précieux sous le rapport de l'économie. Les prés naturels sont ordinairement fauchés dans un moment où la moisson occupe les hommes comme ouvriers et les femmes comme glaneuses. La main-d'œuvre est à son plus haut prix. La récolte des prairies artificielles précède au contraire toutes les récoltes de grains. C'est l'époque de la plus grande rareté d'ouvrage. C'est donc le moment où toutes les opérations du fauchage et du fanage peuvent se faire au plus bas prix. Les cultivateurs apprécieront aisément l'économie que ces considérations leur présentent ; mais ce qu'ils n'apprécieront pas moins, c'est la qualité du nouveau fourrage qu'ils se procureront.

Le fourrage des prairies naturelles est fréquemment sujet à des inconvénients graves. Tantôt il est peu nourrissant, et alors les bestiaux maigrissent, et le lait des mères nourrices tarit ; tantôt il est peu appétissant, et les bestiaux en rejètent dans les litières une grande quantité. Ces inconvénients, qu'on peut remarquer dans notre département, comme ils l'ont été partout, ont éveillé l'attention de cultivateurs botanistes, qui ont soumis à un examen détaillé les diverses plantes qui composaient le fourrage de leurs prairies naturelles. Cet examen minutieux, fait en Bretagne avec le plus grand soin, a dévoilé les causes du mal en faisant connaître les résultats suivants :

	TOTALITÉ des PLANTES.	PLANTES UTILES.	PLANTES inutiles OU NUISIBLES.
Prairies hautes. .	38	8	30
Prairies basses. .	29	4	25
Prairies moyennes	42	17	25

Il résulte de ce travail que le nombre des plantes inutiles, ou même nuisibles aux bestiaux, dépasse de beaucoup celui des plantes utiles. Il n'en est pas ainsi des prairies artificielles ; leurs produits parfaitement homogènes sont également bons partout : aussi l'expérience universelle a-t-elle constamment prouvé de la manière la plus positive que le fourrage artificiel est avidement recherché par tous les bestiaux, qu'il les nourrit, les engraisse, et qu'il augmente considérablement le lait des femelles nourrices et des vaches laitières.

Non seulement ce fourrage est d'une excellente qualité, mais encore, dans certaines années, c'est le seul bon qu'on puisse se procurer. Les grandes crues d'eau font quelquefois déborder les rivières, inondent les prairies naturelles, et y couvrent le foin d'un dépôt vaseux qui le rend aussi désagréable au goût des bestiaux que dangereux pour leur santé. Combien alors devient précieux le fourrage artificiel qui n'est point sujet à cet inconvénient! et, chose digne de remarque, les mêmes causes qui ont fait déborder les rivières et qui ont détérioré les foins naturels, ont augmenté le produit des prairies artificielles.

Un autre avantage non moins prononcé de ces prairies, c'est la prodigieuse quantité de fourrage qu'elles donnent. Ici l'expérience générale atteste des faits où la vérité dépassera toutes les vraisemblances aux yeux des cultivateurs incrédules. Duhamel, qui, de tous les auteurs géoponiques, est celui de la vérité duquel il est le moins permis de douter, dit Gilbert, affirme sur son expérience personnelle qu'un arpent de luzerne produit vingt milliers de fourrage sec. Gilbert, qui cite avec une espèce de pudeur ce passage *des éléments d'agriculture*, a voulu se mettre à l'abri de tout reproche de prévention et d'exagération. Il a recueilli une masse de renseignements exacts pris dans divers cantons et pendant plusieurs années, et le résultat de ses calculs lui a donné pour moyen terme un produit de 4,604 livres de fourrage *sec* dans un arpent de 900 toises; ce qui, pour l'arpent de 1600 toises, contenant 8 boisselées de Bourges, donne 8,177 livres. Les mêmes calculs faits sur les produits du trèfle ne lui ont donné que 45 livres de diminution, et il affirme avoir vu en Suisse, en Franche-Comté et en plusieurs provinces de France des arpents de trèfle donner ordinairement dix milliers de fourrage *sec*, c'est-à-dire, à superficie égale, autant et plus que les meilleurs prés naturels.

Quelque répugnance que j'éprouve à citer des auteurs qui, par cela seul qu'ils sont auteurs, seront taxés d'exagération, je crois cependant devoir vous faire connaître le passage d'un ouvrage publié en 1817, qui porte le cachet de la bonne foi, et dont l'auteur, M. Bornot, notaire à Savoisy, département de la Côte-d'Or, paraît être plutôt un cultivateur réfléchi qu'un savant de profession. « La culture des prairies artificielles de trèfle et de sainfoin a été établie, dit-il, » dans l'arrondissement de Châtillon-sur-Seine, département de la Côte-d'Or, dans un climat que la na-

» ture a faiblement avantagé, sur un sol montagneux
» qu'aucune rivière ni le moindre ruisseau ne viennent
» fertiliser. Lès cultivateurs de cette contrée étaient
» obligés, pour nourrir leurs chevaux, d'aller à grands
» frais acheter des foins jusqu'à 3 et 4 lieues. Leur
» provision se bornait à la moindre quantité possible,
» et cependant, dans une commune de 150 habitants,
» cet objet seul faisait une dépense, année commune,
» de 3 à 4,000 fr. La plupart du temps, on ne nour-
» rissait les chevaux qu'avec des pailles grosses et
» menues; il se faisait une plus grande consommation
» d'avoine; on ne pouvait nourrir que très peu d'au-
» tres bestiaux.......... Tandis qu'actuellement tel la-
» boureur qui achetait autrefois pour 100 ou 200 fr.
» de foin, en récolte 10 ou 20 milliers, plus ou moins.
» Les résultats de ces améliorations en agriculture sont
» inappréciables. »

Ce que M. Bornot dit de sa commune, Gilbert l'avait dit avant lui, presque dans les mêmes termes, de beaucoup de communes où il avait été témoin oculaire; « communes dont, suivant lui, les prairies artificielles » ont rendu l'état aussi brillant qu'il était autrefois » pauvre et misérable. » Et ce langage uniforme des auteurs morts et vivants est aujourd'hui celui de toutes les contrées où ces prairies sont introduites.

Sans doute ce sont de pareils résultats qui ouvriront les yeux à nos aveugles compatriotes; mais pour cela il leur faut des faits positifs. Aussi leur dirons-nous : Allez et voyez; allez surtout dans le canton véritablement exemplaire de Dun-le-Roi. Là, Messieurs, des propriétaires éclairés dont le nom sera consacré par la reconnaissance de leur pays, et dont plusieurs siégent dans cette assemblée qui s'honore de les compter parmi ses membres; ces propriétaires, dis-je, ont, par des essais multipliés et par des succès constants, mis dans tout son jour l'avantage des prairies artificielles. Ils ont donné à l'esprit public une impulsion qu'il est de notre devoir de seconder. Déjà elle a été suivie par quelques fermiers, par de simples laboureurs dont l'exemple consacre les vérités que j'annonçais plus haut, savoir : que les fourrages que nous allons souvent chercher bien loin sont à nos portes, qu'ils y sont en aussi grande abondance que dans nos prés, en meilleure qualité et à de moindres frais pour nous.

Avec ces ressources nous ne craindrons plus les rigueurs prolongées de l'hiver; nos bestiaux mieux nourris, les uns cultiveront mieux nos terres, les autres nous donneront des produits plus sûrs et évidemment plus considérables, puisqu'il nous sera permis d'en augmenter le nombre pendant l'hiver.

Ici, Messieurs, se présente ce reproche si souvent reproduit dans nos campagnes contre cette précieuse culture. Avec les prairies artificielles, nous dit-on, vous restreignez le parcours, et nous ne saurons plus où mener nos bestiaux pendant le printemps. Il est de la plus haute importance de détruire des craintes aussi peu fondées qu'elles sont généralement répandues.

D'abord, je fais observer qu'il n'est point ici question

de la suppression de la jachère. Quelle que soit mon opinion à cet égard, cette question serait au moins oiseuse à traiter en ce moment, parce que, dans l'état actuel de notre culture, elle ne présente aucun moyen d'application. Il s'agit uniquement d'examiner le tort que 150 ou 200 boisselées consacrées aux prairies artificielles dans un domaine de 1000 boisselées, c'est-à-dire au plus le cinquième d'une exploitation, quel tort, dis-je, cette soustraction peut porter aux bestiaux pendant le printemps.

D'après l'assolement triennal observé dans notre département, l'exploitation privée de prairies artificielles aurait tous les ans en cassaille le tiers de mille boisselées, c'est-à-dire 333, ci. 333

Avec 200 boisselées de prairies artificielles, elle n'aurait que le tiers de 800, c'est-à-dire 266, ci. 266

Différence. 67

Par conséquent le domaine perd 67 boisselées de parcours pour gagner 200 boisselées propres à être fauchées. Deux cents boisselées, mesure de Bourges, font 25 arpents; et en supposant le moindre produit possible, c'est-à-dire un charroi de fourrage seulement par arpent, le domaine sacrifierait 67 boisselées de parcours pour gagner 25 charrois du meilleur fourrage. Il faut convenir qu'un pareil sacrifice est aisé à faire. Que serait-ce si les 25 arpens, ou 200 boisselées, donnaient 40, 50, et plus encore de charrois, comme cela arrive fréquemment ?

Mais, dans le reproche que l'on nous fait, il y a, sous le rapport du parcours, et relativement à nos bestiaux, une erreur grave et qu'il est essentiel de combattre ; elle est relative aux inquiétudes que l'on témoigne pour le parcours en général, et pour celui du printemps en particulier. Votre expérience, Messieurs, confirmera sans doute les observations que j'ai été à même de faire souvent à cet égard.

Depuis la levée des seigles et froments, c'est-à-dire depuis la mi-juillet jusqu'au commencement des cassailles de l'année suivante, c'est-à-dire jusqu'à la mi-avril, par conséquent pendant environ neuf mois, les bestiaux, dans tous les domaines, ont une grande latitude pour le parcours. L'embarras à cet égard ne peut donc exister que depuis la mi-avril jusqu'à la mi-juillet au plus, c'est-à-dire pendant environ trois mois. C'est l'époque où les fourrages sont épuisés dans les exploitations ; c'est aussi l'époque où l'herbe a le plus de force et présente le plus de dangers. Quelle est alors la conduite de nos métayers ? vous avez pu l'observer tous comme moi. L'absence du fourrage ou l'insouciance leur fait perdre de vue toute espèce de précaution. Les jours de pluie, et dès le matin dans les beaux jours, leurs bêtes à laine sortent affamées des étables, parcourent tous les coins d'un champ, tous les bords des haies et mangent avidement une herbe chargée de pluie ou de rosée ; nourriture funeste qui produit d'abord un embonpoint trompeur, et qui est plus tard la cause des plus grands ravages dans nos troupeaux. Les laboureurs le reconnaissent eux-mêmes, et nous disent souvent, dans leur langage proverbial, que l'embonpoint de la Saint-Jean est aussi dangereux que celui de la Saint-Michel est avantageux. C'est donc à tort, Messieurs, que l'on nous vante les ressources du parcours au printemps, que sur ces ressources seulement on fonde à cette époque la prospérité de nos bêtes à laine. Au printemps, au mois de mai, l'herbe a une force et une qualité qui à mon avis supplée à cette plus grande étendue de parcours qu'offrent les autres saisons de l'année ; mais elle exige aussi des précautions, elle présente des dangers, et les prairies artificielles seules peuvent les prévenir.

En effet, que dans les jours douteux du printemps les métayers nourrissent leurs bêtes à laine à l'étable ; que dans les beaux jours ils ne les laissent point sortir sans les avoir affourragées le matin, alors les dangers de la saison cesseront. Si l'herbe est peu abondante, sa rareté sera compensée par la nourriture de l'étable. Si cette herbe a des qualités dangereuses, elles seront atténuées par cette même nourriture qui précédera celle que les bestiaux prendront dans les champs ; mais pour cela il faut du fourrage ; donc il faut cultiver les prairies artificielles ; donc c'est particulièrement pour le printemps que le produit de ces prairies offre des ressources que rien ne remplace dans l'état actuel de notre culture ; donc c'est à tort que l'on témoigne de si vives inquiétudes sur le sort des bestiaux au printemps dans les exploitations où l'on cultiverait les prairies artificielles.

Avec les produits du sainfoin, du trèfle ou de la luzerne, nos bestiaux seront plus abondamment, plus sainement nourris, non seulement pendant le printemps, mais encore pendant toute l'année. Pendant toute l'année, nous pourrons les entretenir dans cet état favorable qui est un juste intermédiaire entre la maigreur et l'embonpoint de la graisse, et qui est le véritable préservatif de cette multitude d'accidents et de maladies qui sèment la mort dans nos troupeaux. Ces avantages précieux, nous les devrons à l'équilibre que nous aurons rétabli entre le fourrage que les bestiaux doivent recevoir à l'étable et celui qu'ils doivent prendre dans le champ; équilibre qui n'existe point dans l'état actuel de notre culture, et que l'on cherche en vain à compenser par la consommation des pailles; expédient aussi peu avantageux pour nos bestiaux qu'il est funeste pour nos blés, auxquels on ravit ainsi les engrais qui leur sont nécessaires.

Jusqu'ici, Messieurs, je vous ai entretenus des avantages des prairies artificielles sous le rapport des bestiaux; mais vous seriez dans une grande erreur si vous borniez à ces avantages toute leur utilité. Il est un autre point de vue, au moins aussi important, j'oserais presque dire plus important encore, sous lequel il me faut les considérer, c'est le point de vue des céréales. Il faut prouver que ces prairies favorisent leur culture, améliorent leurs produits, et qu'enfin, ne fût-ce qu'à raison des blés, il serait de la plus haute importance pour nous de cultiver les prairies artificielles. La gravité de cette discussion m'obligera d'entrer dans quelques détails qui, malgré mes désirs, augmenteront l'étendue de ce rapport. J'ose espérer que l'importance de la matière me servira d'excuse auprès de vous.

On croit généralement que la terre seule renferme les principes fertilisants de la végétation des plantes : c'est une erreur. Les progrès des sciences physiques dans ces derniers temps ont fait connaître que l'air en est chargé aussi bien que la terre. Pendant l'été, l'action aspirante de la chaleur dégage et fait monter vers le ciel ces gaz légers dont l'air s'empare pour les restituer ensuite à la terre, sous forme de rosées, de brouillards, de neiges ou de pluies. Placées au point de contact de ces deux éléments, les plantes, tantôt pompent par leurs racines les gaz qui s'élèvent vers le ciel, tantôt les aspirent par les pores de leurs tiges et de leurs feuilles, au moment où ils s'abaissent vers la terre. Les plantes ligneuses constatent cette vérité autant que les plantes herbacées. Supprimez toutes les feuilles d'un arbre, et vous le verrez bientôt mourir. Supprimez les feuilles de la branche qui accompagne le fruit dans le pêcher, et bientôt vous verrez ce fruit se flétrir et tomber. Enfin, ne conservez à la taille que les boutons à fleur qui sont dépourvus d'un œil à bois, et vous n'aurez aucun fruit. Vous verrez, il est vrai, les fleurs s'épanouir ; mais, quand l'époque sera venue où le fruit devra se former, alors, privé des ressources que les feuilles de la branche nourrice devaient pomper pour lui dans l'atmosphère, il avortera, faute d'aliment, quoique l'arbre ait d'ailleurs toute la vigueur désirable, et que ses racines distribuent dans toutes ses branches une sève abondante.

Posons donc, Messieurs, comme principes certains les deux faits suivans :

1°. L'air renferme comme la terre les principes fécondans de la végétation ;

2°. Les plantes ont une végétation aérienne par leurs tiges et leurs feuilles, comme une végétation souterraine par leurs racines.

Ces deux principes posés, entrons en matière.

L'auteur de la nature s'est réservé sans doute de donner à chaque terre plus ou moins de fertilité, et d'accorder chaque année plus ou moins libéralement l'eau, la chaleur et les causes qui influent sur le mystérieux phénomène de la végétation. Mais l'homme est appelé à y concourir efficacement; et la part active qu'il doit y prendre consiste dans trois opérations principales, toutes les trois également indispensables. Il doit ameublir la terre ; il doit l'engraisser ; il doit la nettoyer. Il l'ameublit par les labours ; il l'engraisse par les fumiers ; il la nettoie... Je demanderais volontiers par quelle opération ; car, hors quelques chardons que l'on enlève dans les menus blés, je ne vois dans notre culture d'autres travaux que les labours pour atteindre ce troisième point essentiel qui ne paraît même pas occuper nos cultivateurs. Mais n'anticipons pas sur la discussion, et examinons le secours précieux que nous offrent les prairies artificielles dans ces trois opérations de la culture.

Celle des trois où leur concours est le moins sensible en apparence, c'est l'ameublissement de la terre. Peut-être est-ce là aussi où il nous est le moins nécessaire. En général, on laboure bien dans notre département; c'est l'occupation constante des cultivateurs; et, quoique dans quelques terrains les instruments aratoires y soient susceptibles de changements et améliorations, cependant notre charrue à soc pointu, favorable à nos terres calcaires, seconde bien l'industrieuse patience des laboureurs; et, quand leurs travaux ne sont pas contrariés par la faiblesse des attelages, les terres, au moment où elles doivent recevoir l'ensemencement, sont convenablement préparées. Mais les prairies artificielles facilitent et augmentent l'ameublissement que la charrue donne à la terre.

« Les plantes, dit M. Yvart, à l'article *assolement*,
» (Cours d'agriculture, édit. de Déterville), les plantes
» les plus généralement cultivées en grand dans la nom-
» breuse et utile famille des légumineuses, ont toutes
» des racines pivotantes qui, en s'enfonçant dans la
» terre comme autant de coins, l'ouvrent, l'ameublis-
» sent, facilitent par un effet purement mécanique
» l'introduction des principaux agents de la végétation,
» et y déterminent une utile fermentation. »

On comprend que cet ameublissement, cette introduction des agents de la végétation, dont il est ici parlé, subsistent encore après la destruction de la prairie par la décomposition lente et successive des racines, soit dans la terre non remuée, soit au milieu des mottes que la charrue a formées.

Pendant l'hiver, les pluies établissent souvent des nappes d'eau sur les terres argileuses et compactes, lorsqu'elles sont sur des plans unis et de niveau. Cet obstacle, qui s'interpose entre l'air et la terre, empêche les heureuses influences de l'air et celles de la gelée qui, suivant Rozier, est le meilleur cultivateur connu. Mais, en observant cet inconvénient dans nos plaines, où il se représente fréquemment, on sera étonné de ne le point trouver dans les pièces de trèfle qui occupent ces espèces de terres. Est-ce la plante qui absorbe l'humidité surabondante? Sont-ce ses racines pivotantes qui, de la couche supérieure et imperméable, conduisent les eaux à une couche inférieure et perméable de terre calcaire ou siliceuse? Je l'ignore; mais, quelle qu'en soit la cause, tous les cultivateurs pourront remarquer, comme je l'ai fait souvent, que, tandis qu'un champ de bouloise est couvert de nappes d'eau, la pièce de trèfle qui se trouve au milieu de ce champ en est totalement affranchie. Par conséquent, cette partie du champ jouit des effets de la gelée dont tout le reste de la terre est privé.

Mais si les prairies artificielles ont pour la terre des causes puissantes d'ameublissement pendant l'hiver, pendant l'été elles en ont de plus puissantes encore; et ici l'inspection des lieux dispense de tout raisonnement. En effet, Messieurs, il n'est aucun d'entre vous qui n'ait été à même d'observer l'état d'un champ après l'enlèvement d'une belle récolte de trèfle, de vesce, ou de toute autre plante légumineuse. L'épaisse végétation de ces plantes, qui empêche les terres argileuses de se croûter par l'effet de la chaleur, et qui, dans les terres légères, entretient une humidité convenable, établit dans toutes un état d'ameublissement tellement favorable aux ensemencements, que plusieurs de nos laboureurs aiment mieux semer sur le chaume de la vesce, que de mettre un labour entre la récolte de cette plante et l'ensemencement du froment.

Ce qui existe pour la vesce, généralement plus connue jusqu'à ce jour dans notre département, existe aussi pour le trèfle; et dans tous les pays où il est cultivé, on ne met jamais plus d'un labour entre une belle récolte de trèfle et l'ensemencement des seigles ou froments, laissant ainsi faire à l'utile végétation du trèfle l'ameublissement de la terre que, dans notre culture, nous n'obtenons que par de nombreux et dispendieux labours.

Les prairies artificielles sont donc pour les terres une cause d'ameublissement des plus efficaces, soit pendant l'hiver, soit pendant l'été, soit même après leur destruction; et elles offrent en outre un moyen sûr d'économiser les labours. Que d'avantages précieux! Mais, comme je vous l'ai annoncé, Messieurs, c'est le moins sensible, le plus inaperçu de ceux qu'elles procurent.

Examinons-en un autre qui frappe d'évidence les cultivateurs les plus inattentifs. Je passe à l'engraissement de la terre.

Les plantes, disions-nous plus haut, ont une végétation aérienne dans laquelle elles s'impreignent des gaz fécondants dont l'atmosphère est chargée. Toutes les plantes sont plongées dans ce fluide, toutes devraient donc participer également à ses influences : oui, sans doute, si toutes avaient la même contexture dans leurs tiges et dans leurs feuilles ; mais on conçoit que celles qui ont un tissu lâche et spongieux doivent y participer bien davantage que celles dont les feuilles plus rares ne présentent à l'air qu'une superficie lisse, dure et dépourvue des qualités absorbantes qui seraient pour elles un principe de vie. Ce dernier cas est celui des céréales : privées des ressources que l'air leur offre inutilement, elles sont obligées de prendre toute leur nourriture dans la terre, et elles l'épuisent d'autant plus, qu'on ne les cultive jamais que pour leur grain. Or, c'est pour la formation de leurs graines que les plantes fatiguent le plus la terre qui les nourrit. Tant qu'elles sont dans l'état de verdure, elles consomment peu de sucs, ou des sucs peu substantiels ; mais quand elles arrivent à l'état de maturité, elles effritent la terre, et le travail de succion qui s'opère en elle est tellement actif, que la plante elle-même s'épuise de toutes parts ; ses feuilles se dessèchent et tombent ; ses tiges se durcissent et passent bientôt à une espèce d'état ligneux.

Mais si la terre fait presque tous les frais de la végétation des céréales, il n'en est pas de même des plantes qui forment une prairie artificielle. Le tissu peu serré de leurs tiges rameuses et de leurs feuilles multipliées leur permet de prendre dans l'air les substances nécessaires à leur développement. Sans doute il faut qu'il y ait harmonie entre le travail des racines et celui des feuilles, et que la fécondité naturelle ou artificielle de la terre corresponde d'une manière quelconque à la fécondité de l'air; mais, et l'expérience l'a prouvé depuis long-temps, l'air contribue bien plus que la terre à la nourriture de ces sortes de plantes. Ces plantes renferment donc plus de sucs nourriciers que la terre ne leur en a fourni; et si, dans cette nourriture, à laquelle contribuent l'air et la terre, le contingent de l'air est infiniment plus considérable que celui de la terre, on conçoit que la plante, même en payant un tribut à l'homme, peut encore restituer à la terre plus de substances qu'elle n'en a reçu : c'est ce qui arrive d'une manière véritablement surprenante et par des raisons qu'il faut détailler.

D'abord, on cultive ces plantes pour leur fourrage, et peu pour leurs graines; par conséquent, elles n'éprouvent pas ce travail si épuisant de la formation du germe dont nous parlions tout-à-l'heure; et lors même qu'on l'exige d'elles, l'air fournit si abondamment à leur consommation, qu'il prévient l'épuisement de la terre et de la plante. Aussi voit-on pendant la fructification la plante offrir encore des boutons, des fleurs, des feuilles et tout le luxe d'une riche verdure, ce que l'on ne voit jamais dans les céréales à cette époque.

En second lieu, quand le cultivateur enlève une récolte de trèfle, sainfoin ou luzerne, malgré tous ses soins, il lui est difficile d'enlever tout ce qu'il a fauché. La sage nature a fait ici la part des bestiaux et celle du sol, et elle est restée libérale envers tous. Les bestiaux reçoivent pour leur part les tiges qui, malgré leur dureté apparente, renferment les sucs les plus nourrissants comme les plus appétissants pour eux; et, par un instinct qui est en harmonie avec les autres dispositions de la nature, ces mêmes bestiaux, comme les cultivateurs peuvent l'observer, particulièrement pour le trèfle, recherchent peu les feuilles fanées de cette plante, et quelquefois les refusent formellement. Ces feuilles et leurs pédicules, desséchés par la chaleur, se détachent et se broient sous les légers instruments du fanage. Leurs nombreux débris restent sur la terre qu'ils engraissent (1). Cet engrais augmente, chose admirable! en proportion des récoltes que fournit la terre,

(1) On attribue généralement la fertilité de la terre autant à la décomposition spontanée des animaux qu'à celle des végétaux ; et par ces animaux on entend cette multitude innombrable d'insectes de toute espèce, qui déposent, soit sur la terre, soit dans son sein, à une faible profondeur, leurs œufs, leurs larves, leurs diverses déjections, et enfin leurs propres dépouilles quand ils meurent. Mais il faut observer que ces nombreux insectes ne sont fixés sur un champ que par la sève des plantes qui le couvrent. Ainsi la présence des prairies artificielles reste encore la cause de la fertilité de la terre, soit que cette fertilité tire son origine du règne animal, soit qu'elle la tire du règne végétal.

et la décomposition des racines y ajoute plus tard dans une proportion qui équivaut bientôt à un ample fumier. Aussi, Messieurs, l'expérience m'a confirmé ce que les récits et les lectures m'avaient appris de merveilleux à cet égard ; une belle récolte de trèfle dispense de tout fumier et est un sûr garant d'une belle récolte de froment.

Mais je ne dis pas assez ; et, loin d'exagérer, je vous fais observer que je ne suis ici que simple historien de ce qui se passe habituellement. Quand la durée de la prairie artificielle s'est prolongée, comme il arrive pour le sainfoin et la luzerne, et lorsque les récoltes se sont multipliées ; alors l'accumulation successive des débris de végétaux a tellement enrichi le sol de principes fertilisants, que cet excès de fertilité nuit la première année au succès du froment dont la végétation surabondante en verdure ne donne à la moisson que des pailles stériles. Il faut, pour jouir de cette terre, la lasser par une récolte préparatoire de pommes de terre ou d'avoine.

Ainsi, Messieurs, la présence d'une prairie artificielle suffit seule pour engraisser la terre qu'elle occupe, et cet engrais, qui se trouve beaucoup plus également répandu sur la terre que ne le font les procédés ordinaires employés pour d'autres engrais, n'a coûté aucun frais de chargement ni de conduite. Mais cette prairie avait, pendant son existence, donné une masse considérable de fourrages qui, dans l'exploitation, où ils ont été consommés, ont procuré une masse équivalente de fumiers. Voilà donc pour les terres à blé de cette exploitation, en fumier animal et en fumier végétal, une double cause de fertilité qui n'existerait pas sans la culture des prairies artificielles. Calculez, Messieurs, toutes les conséquences de pareils avantages, et plaignez les incrédules et les aveugles.

Il me reste à considérer ces plantes importantes sous le point de vue du nettoiement de la terre. Le secours qu'elles nous offrent ici complette la série de leurs bienfaits, et ce secours est d'autant plus précieux que, pour y suppléer, nous avons peu de moyens, ou des moyens très dispendieux, et que par suite nos laboureurs négligent entièrement ce point essentiel de la culture.

Plus une terre est meuble et fertile, plus les plantes parasites se hâtent de s'en emparer. Les riches fumiers que l'on y conduit augmentent le mal au lieu d'y remédier. Ils l'augmentent, parce qu'ils renferment eux-mêmes des germes nuisibles, et parce que la fertilité qu'ils ajoutent à la terre profite aux plantes parasites autant et quelquefois plus qu'aux plantes utiles. Aussi voyons-nous souvent dans ces sols fertiles une apparence trompeuse de végétation, où les mauvaises herbes prédominent, où elles affament les plantes céréales et finissent souvent par annuler leurs produits, ou, au moins, par les diminuer dans une proportion ruineuse pour le cultivateur. Il ne suffit donc pas d'ameublir la terre par des labours, il ne suffit pas de l'engraisser par les fumiers, il faut encore la purger de cette multitude de végétaux qui la souillent. C'est ce que font les prairies artificielles, et elles le font de la manière la plus simple, sans le concours d'aucun instrument aratoire et presqu'à l'insu de l'homme. Leur épaisse et prompte végétation s'empare du terrain et y étouffe les mauvaises herbes qui y auraient levé avec celles de la prairie artificielle; et lors même que toutes ces plantes ne sont pas étouffées, leur végétation ne présente aucun danger, parce que la fauche de la prairie qui a lieu à l'époque de la floraison détruit ces plantes avant qu'elles aient pu former leurs germes, et la terre se trouve ainsi, pour les années suivantes, débarrassée de ces innombrables graines qui l'auraient infestée, si toutes ces plantes fussent parvenues à l'état de maturité, comme il arrive lorsqu'elles végètent dans les blés qui ne sont récoltés qu'après la formation des graines. Les débris même de ces plantes augmentent alors la quantité du produit de la prairie; et, par le procédé le plus simple, le mal lui-même est forcé à devenir utile, et se trouve converti en un bien réel.

Mais ce nettoiement de la terre devient plus sensible encore lorsque la prairie artificielle l'a occupée pendant plusieurs années. Beaucoup de plantes, surtout dans la famille des crucifères, produisent une multitude de graines qui ne peuvent lever que lorsqu'elles sont à la surface de la terre, et ces plantes parmi lesquelles je citerai l'espèce de rave sauvage, connue sous le nom de *ravenelle* dans ce département, où elle est un véritable fléau, surtout pour les terres siliceuses; ces plantes, dis-je, ont la funeste propriété de conserver pendant un certain nombre d'années leurs graines intactes dans le sein de la terre. Le sainfoin et la luzerne peuvent seuls, par leur existence prolongée, atteindre à la longévité de ces graines et les faire périr. Aussi est-ce un objet d'étonnement et de satisfaction que la netteté des céréales qui suivent ces deux plantes.

Revenons, Messieurs, sur tant d'avantages précieux que nous venons de parcourir. Sous le rapport des fourrages, les prairies artificielles nous en donnent en abondance et d'une excellente qualité. Elles nous permettent donc de mieux nourrir nos bestiaux et d'en augmenter le nombre; elles augmentent donc la quantité de nos fumiers, et, à cette augmentation déjà si importante, elles ajoutent encore un engrais végétal des plus puissants et des plus économiques; enfin, elles ameublissent nos terres et les purgent des plantes nuisibles qui les souillent; elles nous donnent donc tout à la fois et des produits considérables sur nos bestiaux, et de belles et abondantes récoltes en céréales. Comment s'étonner encore de la prospérité des pays où leur culture s'est introduite? Comment s'étonner de l'enthousiasme des auteurs qui en ont écrit, et de l'empressement des cultivateurs qui ont été les témoins de leurs miraculeux résultats? Ce que d'autres départements ont fait, nous pouvons le faire comme eux; comme eux nous pouvons répandre l'aisance dans la classe laborieuse des métayers; comme eux augmenter la valeur de nos propriétés foncières. Cette tâche utile et glorieuse m'a semblé être particulièrement réservée à la Société d'Agriculture ; il m'a semblé, comme j'ai eu l'honneur de vous le dire, qu'en ce point plus qu'en aucun autre, la Société pouvait remplir le but de son institution, celui d'être utile à son pays ; et que ce point plus qu'aucun autre devait par conséquent fixer notre attention, nos soins et nos efforts. Remarquez, Messieurs, qu'il ne s'agit pas ici de théories spéculatives, de systèmes hasardés. En encourageant la culture des prairies artificielles, vous marchez le flambeau de l'expérience à la main ; vous avez pour vous l'avantage d'une culture éprouvée, et tout à la fois le mérite et l'attrait de la nouveauté. Vos succès sont certains, et en même temps ils sont faciles. D'une part, vous serez secondés par les exemples peu nombreux, il est vrai, mais décisifs des propriétaires et cultivateurs qui nous ont précédés dans la carrière. Les essais que vous demanderez ne sont ni dispendieux, ni hérissés de difficultés, et c'est un des avantages de cette précieuse culture. Elle ne demande, absolument parlant, aucuns frais de labourage extraordinaire. Ces plantes utiles se semant avec les menus blés peuvent se contenter des labours que ces derniers réclament, et une seule année de patience suffit pour recueillir dans un champ de trèfle le fruit d'une très mince avance. Que de motifs déterminants, Messieurs, pour obtenir notre suffrage ! Si vous partagez à cet égard mon entière conviction, si vous partagez l'opinion de votre deuxième commission, vous dirigerez vers ce but tous vos efforts ; vous vous tracerez un plan que vous suivrez avec persévérance ; et, en consacrant à son exécution et vos soins et une portion des fonds que le département vous a confiés, vous remplirez les vues de bien public qu'il s'est proposées, et vous justifierez les espérances qu'il a mises dans votre zèle et dans vos lumières.

J'arrive aux moyens d'exécution qui m'ont paru les plus convenables pour remplir vos vues.

Inspirer le désir du bien et en faciliter les moyens, tels sont, Messieurs, les deux objets qu'il m'a semblé que nous devions nous proposer ici.

C'est le propre de tout ce qui est bien que, pour en inspirer le désir, il suffit souvent de le faire connaître ; et, pour le faire connaître, deux voies se présentent d'abord : l'exemple et l'instruction.

L'exemple est le plus puissant des maîtres, et il serait bien à désirer que chacun des membres de la Société qui font valoir des terres par eux-mêmes donnassent à leurs métayers l'exemple de cette utile culture. La Société ne peut trop les y inviter dans leur intérêt et dans l'intérêt général. Mais quel que soit son succès à cet égard, le nombre de ses membres est trop peu considérable, relativement à l'étendue du département, pour pouvoir espérer de leurs essais de grands résultats. Il faut donc obtenir cet exemple précieux d'un plus grand nombre de propriétaires. Les simples laboureurs, avons-nous dit plus haut, sont dans une position trop gênée pour qu'on puisse leur demander aucun sacrifice ni même en attendre le désir de se livrer à des essais qui leur paraîtraient hasardés. Mais quand ils verront des propriétaires ou des fermiers réussir, alors ils les imiteront. C'est donc vers les propriétaires, vers les fermiers aisés qu'il nous faut diriger nos efforts, et nous en avons beaucoup dans le département qui cultivent par eux-mêmes. Je doute même qu'il existe des communes où nous ne trouvions des ressources à cet égard. Or, tous ces propriétaires ou fermiers plus ou moins instruits sont à même de profiter des connaissances que la Société d'Agriculture peut répandre parmi eux. Je propose donc que la Société charge sa deuxième commission de rédiger une instruction détaillée sur la culture des prairies artificielles. Cette instruction porterait d'une part sur les avantages, et de l'autre sur le mode de culture; elle serait aussi concise que possible, mais cependant aussi étendue qu'il est nécessaire. La commission serait autorisée à s'adjoindre tous fermiers, propriétaires ou cultivateurs dont les lumières pourraient lui paraître utiles à consulter; l'instruction discutée ensuite dans le sein de la Société, et revêtue de son approbation, serait imprimée au nombre de 800 exemplaires et distribuée gratuitement par le bureau dans les communes du département, de manière à ce qu'il y eût au moins deux exemplaires dans chaque commune.

Quoique le trèfle, la luzerne et le sainfoin pussent faire seuls l'objet de cette instruction, je crois cependant devoir insister auprès de vous pour qu'elle comprenne aussi la pomme de terre. Sa culture se lie si fréquemment à celle de ces trois autres plantes; elle-même alterne si utilement avec la culture des céréales ; son influence sur la destruction du chiendent dans les champs qui en sont infestés est si puissante, qu'il me paraît de la plus grande utilité, d'une espèce de nécessité, de la faire entrer dans l'instruction que je vous propose.

Pour ne pas compliquer ce rapport, j'ai évité, Messieurs, de traiter l'importante question des assolemens. On conçoit que si les prairies artificielles sont la base d'une bonne culture, un assolement judicieux peut seul en assurer la perpétuité. Je ne veux pas encore entamer cette question ; mais je dois vous faire observer que le bien que vous pouvez espérer de votre instruction éprouvera un obstacle qu'il est essentiel de prévenir. Un laboureur qui prévoit l'époque de sa sortie refusera de cultiver des plantes dont il ne doit pas profiter ; ou bien, s'il les a cultivées, comme il n'en a point reçu à son entrée, il se hâtera de les détruire avant sa sortie pour profiter des belles récoltes que leur destruction lui promet. Le domaine aura donc toujours à recommencer sur de nouveaux frais. Pour obvier à cet inconvénient grave que j'ai vu se représenter, et qui, malgré tous les soins du propriétaire, laisse le domaine au moins un an sans fourrage artificiel, il me paraît très-essentiel de joindre à l'instruction une courte note sur les clauses de bail à proposer aux propriétaires et aux métayers. Ces clauses détermineraient par qui seraient supportés, 1° les frais primitifs d'ensemencement ; 2° les frais d'entretien de semence ; 3°

ceux du plâtrage; 4° enfin elles détermineraient le mode de remise des prairies artificielles à la fin du bail. Des dispositions sages et fondées en justice s'opposeraient à la destruction totale de ces prairies à l'époque des changemens de métayers et préviendraient, autant que possible, les inconvéniens résultant de l'absence d'assolemens réguliers qui, pour les prairies artificielles, sont dans ce département plus inconnus encore que les plantes elles-mêmes ; assolements pour lesquels vous aurez bientôt des avis à donner aux cultivateurs, si cette culture prend, comme il faut l'espérer, de la consistance et de l'accroissement.

Mais, pour inspirer le désir du bien, il ne suffit pas d'activer l'intérêt ; nous pouvons, nous devons encore mettre en jeu l'amour-propre, ou plutôt une noble et utile émulation. Déjà vous avez chargé vos quatre commissions de vous présenter leur avis sur l'utilité dont pourrait être la distribution annuelle de prix d'agriculture pratique. Aucun objet sans doute ne vous paraîtra y avoir plus de droits que la culture des prairies artificielles, et je m'empresserais de vous demander pour elle des prix d'encouragement, si, conformément à vos désirs, la deuxième commission ne devait vous faire à cet égard un rapport détaillé. Je me borne donc pour le moment à recommander les conclusions de ce rapport à votre plus sérieuse attention.

Après avoir fait tout ce qui dépend de vous pour inspirer le désir de cultiver les prairies artificielles, il ne vous restera plus qu'à en faciliter les moyens. Sans doute ici, Messieurs, vos ressources sont très bornées, et cependant vous pouvez encore rendre des services importans à vos concitoyens.

La difficulté de se procurer des graines est un premier obstacle qui s'est très souvent représenté jusqu'à ce jour dans le département, obstacle qui n'a été levé par quelques particuliers qu'avec beaucoup de peines et qui en a découragé un grand nombre. L'établissement d'un marché public que vous avez sollicité et obtenu remédiera à cet inconvénient ; vous devez vous en promettre des avantages réels; mais la prospérité de cet établissement ne peut pas être l'affaire d'une année; je vous invite à ne point l'abandonner au hasard, et je me réserve pour les années prochaines de réclamer auprès de vous les moyens d'encouragement qui deviendraient nécessaires.

Le plâtre est reconnu pour être l'engrais le plus puissant des prairies artificielles : un boisseau de cette substance équivaut presqu'à deux charrois de fumier animal; et attendu que la prospérité des prairies artificielles dispense, ainsi que nous l'avons prouvé plus haut, de tout autre engrais pour les blés, on conçoit que le plâtre, en même temps qu'il est pour les fourrages une cause directe de prospérité, en est une indirecte et non moins efficace pour les blés eux-mêmes. Son utilité pour la culture en général est donc de la plus haute importance. Aussi bien des départements envient le sort des contrées qui possèdent des carrières de ce précieux minéral. La nature, sous ce rapport, a favorisé le département du Cher. Une carrière abondante y a été découverte, et tout porte à croire que son lit se prolonge dans une grande partie de l'arrondissement de Saint-Amand, et, par des couches plus ou moins profondes, se lie aux carrières de Decize et de la Bourgogne; cependant, jusqu'à ce jour, une seule carrière est en exploitation, et le plâtre qui en provient est tenu presqu'au même prix que le plâtre qui nous arrive de Decize ou de Paris. Ici l'intérêt particulier lutte évidemment contre l'intérêt général. Sans entrer à cet égard dans aucun détail, vous penserez sans doute comme moi, Messieurs, que l'importance majeure de cet objet mérite toute votre attention. Remarquez que la découverte d'une ou deux nouvelles carrières exploitées par de nouveaux propriétaires ou fermiers suffirait pour établir la concurrence, et que, si une fois cette concurrence existait, les cultivateurs de ce département pourraient se procurer cet excellent engrais au même prix que les cultivateurs des environs de Paris. Cet avantage, pour notre culture, serait inappréciable; mais, pour l'assurer à nos concitoyens, il est indispensable d'obtenir la découverte de ces carrières nouvelles. Je vous propose de vous adresser à M. le Préfet, dont la bienveillance et le concours vous sont garantis par les preuves multipliées qu'il vous a données de son zèle pour l'agriculture et pour la prospérité de ce département. Chargez votre bureau de l'inviter à proposer au Conseil général une prime pour chacun des deux propriétaires qui, les premiers, découvriront et exploiteront une nouvelle carrière de plâtre.

Ici, Messieurs, je reproduis un vœu émis depuis long-temps en France par les amis de l'agriculture. La découverte de carrières de plâtre, de marne, de tout autre minéral, ou seulement de cours souterrains d'une eau que certaines localités rendent si précieuse dans nos contrées : cette découverte, dis-je, rend indispensable l'emploi d'un instrument connu sous le nom de *tarriau* ou *tarrière*, instrument qui permet de fouiller la terre à de grandes profondeurs. Son utilité ne peut recevoir une plus convenable application que dans ce département, où l'espérance du succès est fondée sur les plus grandes probabilités, et où le succès deviendrait une véritable cause de prospérité pour l'agriculture. Je propose de supplier S. Exc. le Ministre de l'intérieur de vouloir bien accorder au département un de ces instruments qui serait déposé au chef-lieu de la Préfecture, pour être ensuite prêté dans les différents arrondissements où il serait réclamé.

Mais, en attendant l'effet de ces mesures, et en prenant les choses dans leur état actuel, n'est-il pas déplorable que la ville de Bourges, qui, par l'importance de son marché au blé, est le centre de nos relations agricoles, et le rendez-vous habituel des laboureurs à huit lieues à la ronde; que la ville de Bourges, dis-je, soit privée du dépôt de plâtre, et qu'un particulier, en envoyant un chargement de blé, n'ait pas la certitude de pouvoir prendre à son retour un chargement de ce précieux et économique engrais. Quelques obstacles, entre autres le droit d'octroi, s'y opposent, il est vrai ; mais ces obstacles ne sont pas insurmontables. Je vous propose de charger votre bureau de négocier auprès de la Mairie de Bourges l'établissement d'un dépôt de plâtre dans cette ville.

Le plâtre, pour produire ses heureux effets, doit être cuit, pulvérisé et répandu en poussière fine sur les plantes aux feuilles desquelles il s'attache. Jusqu'à ce jour, ce semis s'est fait à la main, ce qui présente plusieurs inconvéniens : pour peu qu'il y ait de vent le jour de l'opération, une partie du plâtre est emportée hors du champ, et cette partie est la plus déliée et par conséquent la meilleure. D'un autre côté, l'homme qui le répand en est tout couvert ; il en aspire beaucoup, et ses mains sont gercées et presque brûlées par cette substance, qui tient de la nature de la chaux. Pour remédier à ces inconvéniens divers, on a imaginé, dans le canton de Dun-le-Roi, une machine simple que je n'ai pas vue, mais dont j'ai entendu faire l'éloge. Je vous propose de charger M. Busson de Villeneuve de vous faire un rapport à cet égard ; et, dans le cas où la machine remplirait le but désiré, d'arrêter qu'un modèle en serait fait aux frais de la Société, et déposé dans une dépendance du local de ses séances.

Cette proposition se rattache, Messieurs, à une autre plus étendue. La culture des prairies artificielles, ainsi que celle des céréales avec laquelle elle se confond, nécessite l'emploi de beaucoup d'instruments aratoires. Dans ces derniers temps, tous ces instruments ont été perfectionnés, ou il en a été inventé de nouveaux. Ces perfections, ces inventions nouvelles nous sont toutes inconnues. Quand des propriétaires veulent se les procurer, ils ne le peuvent faire qu'à grands frais, en travaillant d'après des gravures quelquefois incorrectes, ou en faisant venir les instruments des départements voisins. Je ne me dissimule pas que, parmi ces instruments, il en est qui sont peu applicables à notre culture, ou qui n'appartiennent qu'au luxe des riches cultivateurs : mais il en est qui sortent de cette catégorie, et leur emploi, adopté par les plus simples laboureurs, le démontre avec évidence. Je citerai dans ce nombre la herse à dents de fer, qu'aucun de nos instruments ordinaires ne peut remplacer dans un grand nombre de circonstances. J'en pourrais citer encore d'autres également essentiels ; mais il n'est pas ici question du choix de ces instruments, mais seulement du principe en lui-même ; et, à cet effet, je vous propose de charger votre deuxième commission de vous faire un rapport sur l'utilité dont pourrait être un dépôt d'instruments de labourage, et sur le mode et les moyens d'exécution que présente ce projet.

C. A. DE PUYVALLÉE *fils aîné.*

INSTRUCTION

SUR

LES PRAIRIES ARTIFICIELLES.

Avantages généraux.

Les plantes le plus généralement cultivées pour former des prairies artificielles sont le trèfle, le sainfoin et la luzerne.

Le fourrage que donnent ces plantes est avidement recherché par tous les bestiaux. Il les nourrit, les fortifie, les engraisse, et augmente d'une manière sensible le lait des femelles.

A superficie et à qualité égales de terrain, une prairie artificielle est en général d'un plus grand rapport qu'une prairie naturelle.

Le fourrage y est d'une bien meilleure qualité que celui des prés naturels, où les bonnes herbes se trouvent mélangées avec beaucoup de plantes inutiles ou nuisibles, et dont le foin, dans quelques localités, est sujet à être vasé par les inondations.

Le fourrage des prairies artificielles se fauchant avant la moisson, les frais de récolte sont moindres que ceux des prés naturels, qui se fauchent plus tard.

Par la même raison, ce fourrage est récolté avant tout autre, et devient ainsi une ressource précieuse au printemps, époque où souvent les fourrages sont épuisés dans les domaines.

La culture des prairies artificielles favorise singulièrement celle des blés. Elle ameublit la terre, la purge des plantes parasites qui l'infestent ; en augmentant les fourrages dans les domaines, elle y augmente aussi la masse des fumiers ; et, de plus, la présence d'une prairie artificielle suffit seule par les débris qu'elle y laisse pour engraisser la terre qui l'a portée.

Tant d'avantages précieux ont depuis long-temps fait adopter cette culture par beaucoup de départements où elle était inconnue autrefois ; et, depuis qu'elle y a été introduite, on y élève plus de bestiaux, on y récolte plus de blé, et une aisance générale a succédé à l'état de gêne qu'y éprouvait la culture. Ce même état fâcheux existe dans le département du Cher. Il est libre aux propriétaires et aux métayers de le faire cesser. Presque toutes les terres y sont propres à la culture de l'une ou de l'autre des trois plantes qui forment les prairies artificielles. Combien, dans le département, de domaines qui possèdent plus de terres qu'ils n'en peuvent labourer, et surtout fumer, et qui n'attendent pour prospérer qu'une augmentation de fourrages ? Quelques essais faits avec les précautions convenables auront bientôt fait connaître la vérité aux cultivateurs. C'est pour les diriger dans leurs efforts, que la Société d'Agriculture leur adresse la présente instruction.

Le Trèfle.

1°. La qualité essentielle de la terre qui convient au trèfle est d'être humide, sans être marécageuse.

Lui conviennent d'abord, et par-dessus tout, les sables frais et gras; puis les terres argileuses; les terres connues dans le département sous le nom de *bouloises*; puis enfin les terres dites *varennes*, qui ne sont pas arides.

2. Le trèfle se sème au printemps, avec les blés de mars, marsèche, avoine, froment ou seigle de mars. La terre destinée à le recevoir devra être fumée, si elle ne l'a pas été lors de son ensemencement en blés d'automne. (N°. 89.)

3. Il réussirait mal, semé avec les vesces et lentilles, dont l'épaisse végétation l'étoufferait.

4. Il peut se contenter du seul labour donné ordinairement aux menus blés; mais ceux qui voudront s'assurer d'abondantes récoltes donneront un premier labour en automne. Si la terre était trop humide, il conviendrait, avant l'hiver, de labourer la terre en billons creux pour égoutter l'eau.

5. La graine de trèfle étant très menue doit être peu enterrée, et, avant de la répandre, le champ doit avoir été bien applani par la herse. (N°. 70.)

6. Le trèfle se sème ordinairement avant le dernier coup de herse donné au menu blé. Ce dernier hersage l'enterre suffisamment.

Quelques-uns, semant après que le menu blé a été entièrement hersé, se contentent de rouler le champ après que le trèfle a été semé. Cette méthode est moins avantageuse et peut faire avorter le plant s'il survient une sécheresse prolongée.

Dans le même cas, d'autres promènent sur le champ un fagot d'épines, ou une herse renversée et entremêlée de branches d'épines. Ce dernier procédé traîne souvent la graine et la ramasse par places inégales dans le champ.

7. Des propriétaires l'ont semé avec succès au printemps sur des froments semés l'automne précédent; mais ce procédé est suivi dans des pays où les blés d'automne se sèment par larges planches. Dans notre département, où ils se sèment par billons de deux pieds, qui forment une raie creuse, le trèfle réussira également bien; mais le fauchage, le fanage et le ratelage seront plus difficiles. En semant le trèfle, on pourra sans nuire au blé y faire passer la herse à dents de bois; et si on roule, il faudra que le rouleau soit promené dans le sens opposé à celui des billons.

8. Quand les intempéries des saisons ont empêché le trèfle de lever ou l'ont détruit pendant l'été, on peut hasarder de le ressemer dans le même champ à l'automne suivant, en faisant précéder ce nouveau semis d'un labourage, ou, si la terre est très légère et sablonneuse, d'un hersage profond à la dent de fer. Semé à cette époque, il réussit encore, quoique plus exposé aux gelées de l'hiver suivant.

9. L'habitude seule peut faire connaître la bonne qualité de la graine qui doit être grosse, pesante,

luisante et d'une couleur mélangée de jaune et de violet.

10. Des expériences comparatives, faites dans le département, ont prouvé que la graine de l'avant-dernière récolte était aussi bonne à semer que celles de la dernière.

11. En général, une livre de graine suffit pour ensemencer cent toises carrées de terrain (environ quatre ares). Ainsi, il faut deux livres pour semer une boisselée de Bourges, qui contient 200 toises carrées. On sème moins fort dans les terrains éminemment fertiles, où les graines lèvent plus sûrement, et où, quand elles sont levées, le plan offre une plus belle végétation et occupe plus de place; par les raisons contraires, on sème plus épais dans les terrains médiocres. (N°. 92.)

12. La graine de trèfle se sème à la pincée de trois doigts, en observant des sillons de quatre, cinq et même six pas, à volonté. Cette graine, par sa pesanteur et la faible résistance qu'elle éprouve dans l'air à raison de son peu de volume, se lance aussi loin que le menu blé. On passe deux fois le même sillon comme pour le blé, ou bien on croise le semis.

13. Après la récolte du blé de mars, le trèfle devient quelquefois assez fort pour être fauché ou pâturé. On ne fera ni l'un ni l'autre si l'on ne veut pas nuire aux belles récoltes des années suivantes. (N°s. 95, 96, 97, 98, 100 et 101.)

14. On emploie dans quelques cantons de l'Allemagne un procédé qui, après le plâtre, est un des

plus utiles moyens de prospérité pour le trèfle, et qui même est préférable à tout autre pour prévenir les effets de la gelée. Il consiste à couvrir le trèfle pendant l'hiver de litières longues fraîchement sorties de dessous les bestiaux ; cette paille au printemps est ratelée et reportée au domaine, où elle sert de nouveau pour les litières.

15. La suie et les cendres lessivées sont un excellent amendement, répandues sur la terre ensemencée en trèfle.

16. L'année qui suit celle de l'ensemencement est celle où il convient de plâtrer le trèfle. (Voyez pour le plâtrage les n°s. 109 et suivants.)

17. La deuxième année de l'existence du trèfle est celle de la plus grande abondance de ses produits. On le fauche ordinairement deux fois et rarement trois dans ce département, où la température est moins humide que dans le nord de la France, et où les moyens d'irrigation manquent.

18. L'époque de la fauchaison du trèfle est celle où la plante est en pleine fleur, c'est-à-dire où les dernières fleurs sont épanouies, et par conséquent les premières déjà défleuries. En général, il vaut mieux retarder qu'avancer.

19. Sa dessication s'opère de la même manière que celle du foin naturel, mais plus lentement et plus difficilement, parce que ses tiges sont plus grosses et plus aqueuses que celles du foin ordinaire.

20. On le sèche avec plus de succès par un temps

sec et couvert que par un soleil ardent, qui rend la tige cassante, quoique à l'intérieur elle soit encore humide.

21. Un point très essentiel, c'est de le laisser passer quelques jours dans le champ entassé en petits cachons moins gros que ceux usités pour le foin ordinaire. (n°. 99.)

22. Quand on n'est pas parfaitement sûr de sa complette dessication, un des meilleurs moyens à employer est de le mélanger soit dans le champ, soit dans le grenier, couches par couches, avec de la paille ou du vieux foin, qui ont alors le double avantage d'empêcher la fermentation du trèfle, et de se pénétrer des sucs qui s'évaporent; sucs qui les rendent presque aussi agréables aux bestiaux que le trèfle lui-même. Les bêtes à laine sont les seuls bestiaux qui dans la consommation séparent cette paille du trèfle et la rejètent dans les litières.

23. Quand le trèfle a été mouillé par la pluie, ses feuilles se détachent, ses tiges se noircissent; mais il est bien essentiel que le cultivateur sache que, dans cet état, le trèfle est loin d'être perdu pour lui. Des expériences positives faites dans le département en 1816, et répétées en 1819, ont constaté que ce trèfle, après avoir été ainsi lavé par la pluie et avoir ensuite été serré bien sec, avait été mangé avec le même plaisir, la même avidité que le trèfle non mouillé, et ce, non seulement par les vaches et les juments, mais encore par les bêtes à laine. Il a même été remarqué en

1819, où la fanaison de la première coupe avait été contrariée par la pluie, et celle de la seconde favorisée par le beau temps, que le trèfle mouillé avant sa dessication n'avait point contracté dans les greniers cette odeur et couleur de moisi que prend fréquemment le trèfle bien fané, et que les bestiaux l'avaient préféré à celui de la seconde coupe. Il est donc de la plus grande certitude que le trèfle mouillé est loin d'être perdu pour le cultivateur. Le point véritablement essentiel et qu'il ne faut pas perdre de vue est de ne le serrer que lorsqu'il est bien sec.

24. Dans quelques cantons, les faneurs suivent immédiatement les faucheurs, et répandent les andins au fur et à mesure que la faux les forme. Le lendemain, dans la soirée, le trèfle ainsi épanché est ramassé et mis en petits tas ou cachons de 15 à 20 bottes. Ces cachons, bien faits et arrondis, sont d'un arrangement tel que la pluie ne peut les pénétrer. Le trèfle, ainsi mis en tas, éprouve une fermentation qui fait sortir des tiges l'eau surabondante de végétation; mais la petitesse des cachons empêche cette fermentation de monter à un degré qui nuirait à la qualité du fourrage. Les cachons restent ainsi plusieurs jours sur le champ. On enlève ces cachons sans qu'il soit nécessaire de répandre de nouveau le trèfle.

25. Le trèfle, dans le département du Cher, se fauche rarement plus de deux fois dans la même année. Il est même dangereux de faucher la troisième coupe, quand cette coupe ne peut se faire que tardivement, et que la

saison avancée ne permet pas au trèfle de repousser. L'expérience a appris que le trèfle ainsi fauché était plus sensible aux gelées de l'hiver. (N°s. 95 et 96.)

26. La graine de trèfle se récolte sur la deuxième coupe de la deuxième année de l'existence du trèfle. Il faut réserver pour cet objet la partie du champ la plus aérée. Il est utile alors, mais non absolument nécessaire, de récolter à la première coupe cette partie avant la floraison, et par conséquent plutôt que le reste du champ. Quant à la deuxième coupe qui doit donner la graine, lorsque les tiges seront non seulement défleuries, mais noires et desséchées, on fauchera, non pas à la faux nue ou simple dard, mais à la faux garnie; et dans les terres où le trèfle acquiert une grande hauteur, on moissonnera à la faucille. Si le temps est beau, on peut couper aussi bas que possible; mais si les temps sont contraires, on fera bien de couper haut; le chaume élevé empêchera que les andins ou les javelles ne soient collées contre terre, et facilitera leur dessication.

Un charroi de tiges de trèfle, pesant environ 1200 livres, doit, dans les bonnes localités et les bonnes années, donner plus de 300 livres de graines (1). Les tiges, quoique sèches et dures, sont encore mangées par les bestiaux avec plus de plaisir que les pailles de blé.

27. Il faut profiter d'un beau jour pour enlever le trèfle destiné à fournir de la graine, le battre aussitôt,

---

(1) Le trèfle, dans notre département, donne ordinairement moins de fourrage et beaucoup plus de graine que dans le nord de la France.

soit à la grange, soit, ce qui vaut mieux, dehors, à la grande ardeur du soleil. Ce premier battage n'a pour but que de séparer les bubons des tiges. Si on n'a pas le temps de battre ces bubons de suite, on les monte au grenier, où on les laisse jusqu'à l'hiver pendant lequel on profite d'un temps de fortes gelées pour finir le battage : il est bien plus long que celui du blé. Il faut que les batteurs recommencent au moins jusqu'à sept fois. A chaque fois, on passe les débris à l'époussette, et ce qui reste est reporté sous le fléau. En définitive, il faut que les débris soient réduits en poussière.

28. Dans certains pays, pour abréger cette opération, on met les bubons aux moulins à blé ordinaires, dont on sépare les deux meules par une distance de l'épaisseur d'un ancien écu de 3 livres ; il ne faut opérer que par un temps très sec en été, ou par un temps très froid en hiver. Ce procédé est annoncé comme remplissant parfaitement les désirs du cultivateur. On a seulement cru remarquer que la graine ne sortait pas aussi luisante de dessous la meule que de dessous le fléau.

(Ce procédé étant totalement inconnu dans le département, MM. les Associés correspondants qui le mettraient en usage sont priés de vouloir bien transmettre à la Société le résultat des expériences qu'ils feraient.)

29. Les graines semées avec leurs enveloppes lèvent aussi bien que lorsqu'elles en sont séparées ; mais alors la difficulté est d'apprécier la quantité de graines que les gousses renferment, et de ne semer ni trop ni trop peu.

30. L'époque où l'on défriche une tréflière dépend de l'assolement adopté par le cultivateur ; mais, passé la deuxième année de son existence, le trèfle donne de moindres récoltes, et, passé la troisième année, ses produits sont presque nuls.

31. Quelle que soit l'époque où on le détruit, il convient de laisser entre la dernière récolte et le labourage un intervalle suffisant pour que la plante ait fait des pousses d'au moins un demi-pied de hauteur. Ces pousses enterrées par la charrue font, ainsi que les racines, un engrais des plus utiles.

32. Sans exiger des laboureurs qu'ils changent la charrue usitée dans le département, il serait cependant à désirer que pour le défrichement des tréflières, qui sont presque toujours dans des terres sablonneuses ou argileuses, ils se servissent de socs plats, faits en forme de fer de lance tranchant sur les deux faces, et ayant dans leur plus grand évasement à peu près la largeur de la raie que fait la charrue. Pour éviter qu'ils soient trop promptement usés dans les terres sablonneuses, on les fera en acier.

33. Un beau trèfle, enterré avec des tiges de cinq à six pouces, dispense de tout fumier, et assure une belle récolte de blé.

34. Dans plusieurs départements de la France, pour enterrer le trèfle, on en laisse pousser la deuxième coupe jusqu'à ce qu'elle parvienne à l'état de floraison ; alors on la coupe, on étend de suite les andins sur la terre, et la charrue les enterre aussitôt.

D'autres se contentent de promener le rouleau sur le sol pour applatir contre terre les longues pousses de la plante, après quoi ils l'enterrent à la charrue.

Ces divers procédés sont plus faciles avec la charrue beauceronne, ou toute autre de ce genre, qu'avec la charrue de Berry, dont l'oreille peu élevée et non contournée ne renverse pas aussi bien la terre.

35. L'effet du trèfle étant de soulever le sol, il est utile, dans beaucoup de terrains, de rouler le blé qui succède au trèfle.

36. Quand un trèfle a été détruit, il ne doit pas reparaître dans le même champ avant un espace de temps égal au moins à celui pendant lequel il a occupé la terre.

37. Consulter les observations générales ci-après, n°s. 87 et suivants.

Le Sainfoin.

38. Le sainfoin, originaire des côtes arides des montagnes, redoute les terres humides; il se plaît essentiellement dans un terrain sec, et utilise les plus mauvais sols de ce genre.

On le place de préférence, 1°. sur les terres calcaires, si communes dans notre département, où elles sont connues sous les noms de *craies*, *criats*, *griottes*, *gravodes*, *grouailles*, etc.;

2°. Sur les terrains sablonneux non humides.

En général, les terrains en pente lui conviennent mieux que ceux qui sont unis, et que les vallées. Dans les terres calcaires très fertiles, il donne des produits plus abondants, mais il dure moins long-temps que dans les terres calcaires qui sont moins fertiles.

39. Ainsi que le trèfle, il se sème avec les menus blés pendant le printemps. (Nos. 2, 3, 4 et 89.) Les deux espèces de graines se sèment immédiatement l'une après l'autre, et se hersent en même temps.

40. Dans les environs de Paris, on le sème quelquefois de bonne heure à l'automne avec le seigle ou le froment; mais, dans ces contrées, on ne cultive pas la terre en billons de 18 pouces ou 2 pieds de distance comme dans notre département, mais en sillons larges de six pas, plus ou moins, ce qui facilite le fauchage de la plante.

Le sainfoin, ainsi semé en automne, donne déjà une récolte l'année suivante. Il résiste mieux aux chaleurs qu'il éprouve pendant la première année de son existence; mais aussi il est plus exposé aux rigueurs du premier hiver.

41. La quantité de semence du sainfoin doit être double de celle du blé froment qu'on emploîrait sur la même superficie de terrain, plutôt plus que moins. (N°. 92.)

42. La graine de sainfoin est ordinairement conservée dans son enveloppe, dans laquelle elle doit résonner quand on la secoue.

43. La bonne graine doit être d'un gris roussâtre.

Quand elle a été cueillie avant sa parfaite maturité,

elle est blanche et rétrécie. Quand elle a été mouillée ou qu'elle s'est échauffée, elle est noire et ridée.

Dans le choix de la semence que l'on achète, il faut surtout éviter qu'elle soit mélangée de certaines graines aussi longues et plus minces que celles de l'avoine, qui produisent une plante connue dans le département sous le nom d'*herbe grainée*, et dont le véritable nom est *brome stérile*; plante qui est le fléau des sainfoins et qui fait le tourment des bestiaux qui en consomment le fourrage. Pour se débarrasser de cette graine nuisible, il faut passer la graine de sainfoin dans ces cribles-moulins connus dans le département sous le nom de *vielle*, dont les fils d'archal placés longitudinalement, et non circulairement autour de l'axe, se trouvent à des distances qui laissent échapper la graine allongée du brome, et retiennent celle du sainfoin, qui est ronde et grosse. A défaut de ces moulins, il faut lancer la graine avec force.

44. Après la récolte du menu blé avec lequel le sainfoin a été semé, il faut éviter soigneusement de le faucher ou de le faire pâturer par les bestiaux. (Nos. 95 et suivants.)

45. A la deuxième année de son existence (qui est la première de fauche), le sainfoin ne donne pas encore sa plus belle récolte. Il est en pleine végétation dans la troisième année.

46. Le sainfoin ne donne ordinairement qu'une seule récolte par année, excepté dans les terres qui lui conviennent beaucoup, et lorsque l'été est humide; mais cette récolte unique est ordinairement très abondante.

Dans les pays montagneux du midi de la France où l'on a des moyens d'irrigation, on le coupe jusqu'à cinq fois, et alors ses produits égalent presque ceux de la luzerne.

47. On fauche le sainfoin quand il est en pleine fleur.

48. Son fanage est beaucoup plus facile que celui du trèfle et de la luzerne, il s'obtient par les mêmes procédés que celui des foins naturels; mais l'entassement en cachons est aussi nécessaire pour le sainfoin que pour les autres fourrages artificiels. (Nos. 20 et suivants, et no. 99.)

49. La durée du sainfoin est proportionnée à la nature de la terre qui le porte, et au moins autant aux soins que l'on a eu d'en écarter les bestiaux. Un sainfoin pâturé tous les automnes durera à peine trois ans. Semé en bonne terre, et préservé avec soin de la dent des bestiaux, il peut durer quinze ans et plus. Le terme moyen de son existence paraît être entre six et dix ans.

50. Une des opérations les plus utiles qu'on puisse faire sur les sainfoins quand ils commencent à vieillir, c'est de les herser une fois avant l'hiver et une fois après avec la herse à dents de fer. La herse ne détruit point les pieds de sainfoin, mais seulement les plantes nuisibles qui infestent la prairie. Quelques cultivateurs répandent ensuite de la chaux en poudre. (No. 82.)

Il convient, après le hersage du printemps, de passer le rouleau, et, après le roulage, d'épierrer le champ s'il est nécessaire.

5

51. C'est le moment de répandre le plâtre. (Voyez pour le plâtrage les nos. 109 et suivants.)

52. A moins que la durée des sainfoins ne soit fixée dans une exploitation par un assolement régulier, on ne doit les rompre que lorsque la moitié au moins des pieds a péri.

53. La graine ne doit pas se récolter sur des sainfoins qui aient moins de trois années d'existence (celle de l'ensemencement comprise).

54. Pour récolter de la graine de sainfoin, il faut observer que les graines se développent successivement sur les tiges, en commençant par le bas. Ainsi, il ne faut pas avoir égard à celles du sommet, mais couper quand celles d'en-bas, qui sont les meilleures, sont mûres.

55. Ces graines se détachent très aisément. La faux nue doit être interdite pour cet objet ; il faut se servir de la faux garnie de son harnais. La coupe se fera le matin et les produits seront le même soir emportés à la maison et déposés dans une grange, où ils achèveront de se dessécher lentement. Au bout de quelques jours on pourra les battre, et pour cette opération le fléau est inutile ; de petites gaules de coudre suffisent.

56. Quelques personnes choisissant un beau jour font battre les tiges dans le champ sur des draps et par la grande chaleur, le même jour qu'ils les font abattre à la faux. Ils ont seulement le soin de ne faire faucher le matin que ce qu'ils peuvent faire battre le même jour. Ce procédé est un des plus suivis.

57. D'autres encore, quand l'année est pluvieuse, font récolter la graine avant de faire faucher, et se servent pour cela de femmes qui éfilent à la main toutes les tiges, faisant à chaque poignée tomber la graine éfilée dans leurs tabliers ; opération longue et dispendieuse, mais qui, pour la récolte des graines, donne les produits les plus sûrs, les plus abondants et les plus nets.

58. La graine de sainfoin est très prompte à germer quand elle est surprise dans le champ par la pluie.

59. La graine battue est très susceptible de s'échauffer dans le grenier. Elle doit y être étendue en couche peu épaisse, et souvent remuée pendant plusieurs jours, après quoi on peut la mettre en tas comme le blé dans un lieu qui ne soit pas humide.

60. Un des meilleurs moyens pour empêcher la graine de fermenter est de la laisser dans la balle, et de ne la vanner qu'à la fin de l'hiver ; encore faut-il que les premiers jours elle soit étendue par couches minces.

61. La graine de sainfoin bien soignée se conserve bonne à semer pendant deux et même trois ans.

62. L'expérience atteste que la destruction d'un sainfoin est toujours suivie d'abondantes récoltes de blé, et que même une terre, à peine propre à produire du seigle, donne alors de beaux froments.

63. On a vanté une variété de sainfoin dite sainfoin à deux coupes. Comme cette variété n'est que le produit lent et successif de cultures soignées, il est clair

qu'avec le temps, de bonnes terres, des engrais abondants et des étés humides, ou des moyens d'arrosement, on transformera, quand on le voudra, le sainfoin à une coupe en sainfoin à deux coupes. Il paraît donc inutile de recommander cette variété dont la culture au surplus est la même que celle du sainfoin ordinaire.

64. Consulter les observations générales ci-après. (Nos. 87 et suivants.)

La Luzerne.

65. La luzerne exige une terre profonde et saine, légère et substancielle, ni trop sèche ni trop humide, facile à diviser par les labours et autres opérations de la culture. Elle redoute le degré d'humidité qui favorise la végétation du trèfle, et languirait dans les terrains arides où le sainfoin prospère. Si elle occupe les meilleures terres d'une exploitation, elle en dédommage par l'abondance de ses produits.

66. Ainsi que le trèfle et le sainfoin elle se sème avec les menus blés au printemps. (No. 91.)

67. La luzerne étant originaire des pays méridionaux, la graine qui provient du midi est préférable à celle qui vient du nord.

68. Cette graine peut se conserver bonne à semer pendant deux ou trois ans.

69. La graine de luzerne, pour être bonne, doit être pesante, luisante, et de couleur jaune; celle qui n'est pas parfaitement mûre est d'un jaune verdâtre;

celle qui a été altérée par la pluie ou la moisissure est d'un jaune rougeâtre ou noirâtre.

70. Le terrain destiné à être semé en luzerne doit avoir été labouré profondément, et fortement hersé et roulé après le dernier labour. Il doit être parfaitement ameubli et aplani au moment où il reçoit la semence. La graine étant menue comme celle du trèfle ne doit pas être enterrée plus profondément. (Nos. 5, 6, 7.)

71. Il faut, pour semer une boisselée mesure de Bourges, contenant 200 toises carrées, environ deux livres et demie de graine.

Plus le plant sera épais, mieux il étouffera les plantes nuisibles. (No. 92.)

72. Il est utile de sarcler la luzerne pendant le printemps de sa première année de fauche.

73. Aucune plante cultivée comme prairie artificielle ne donne des produits aussi abondants que la luzerne. Dans les pays chauds où l'on peut arroser après chaque coupe, elle donne jusqu'à huit récoltes. Dans notre département où ces ressources manquent, elle en donne ordinairement trois.

74. L'époque du fauchage de la luzerne est celle où la plante est en pleine fleur, si l'on veut en faner le fourrage. Si au contraire on veut le donner en vert aux bestiaux, il faut faucher dès que les fleurs commencent à paraître.

75. Le fanage de la luzerne est presqu'aussi difficile que celui du trèfle. On y emploie les mêmes procédés. (Nos. 20, 21, 22, 24, 99.)

76. Pour récolter de la graine, il faut que la luzerne qui doit la fournir soit au moins âgée de trois ans. Comme cette récolte épuise la plante, quelques-uns ne la prennent que sur les luzernières qu'ils veulent détruire.

77. La luzerne à sa première pousse se trouvant mélangée d'autres plantes qui ne se représentent pas à sa deuxième pousse, la troisième pousse étant la moins vigoureuse de toutes, il convient de faire la récolte de la graine sur la deuxième pousse.

78. On laisse sécher long-temps sur pied les tiges de cette deuxième pousse. Les gousses de la luzerne s'ouvrant difficilement, on n'a pas à craindre que les graines se perdent en retardant la coupe de celles qui sont mûres.. D'ailleurs cet excès de maturité facilite l'extraction de la graine lors du battage.

79. Quand la plante a été bien fumée, il faut ou bien la battre de suite avant que la graine ait eu le temps de ressuer dans le tas et d'y reprendre l'humidité, et alors on la vanne et passe de suite à l'époussette, ou bien on dépose les tiges dans un endroit sec où elles ressuent. La graine alors laissée dans son enveloppe s'y conserve mieux, et, pendant les gelées de l'hiver, on la bat et on la nettoie : ces deux opérations sont presqu'aussi difficiles pour la luzerne que pour le trèfle. (N°. 27.)

80. La cuscute, connue dans le département sous les noms de *teigne* et de *blondeau*, est un des ennemis

les plus redoutables des prairies artificielles, mais plus particulièrement de la luzerne.

C'est une plante annuelle dont les filamens très grêles et très rameux n'ont point de feuilles, et s'entrelacent autour des plantes aux dépens desquelles elle vit. D'une tige elle jette des rameaux sur une autre, et en peu de temps elle a envahi un terrain considérable, où l'on dirait que le feu a passé, tant les pieds de luzerne y sont détruits. Il n'y a d'autre remède que de couper le mal par la racine en tranchant jusqu'au collet tous les pieds de luzerne attaqués, aussitôt qu'on s'en aperçoit et avant que la cuscute ne soit en graine. Il vaut mieux s'exposer à couper des pieds de luzerne sains qu'à laisser la moindre partie de cuscute, qui aurait bientôt reproduit le mal qu'on veut détruire. On enlève soigneusement hors du champ toutes les portions de tiges ainsi retranchées, et on les détruit par le feu on autrement. On ressème ensuite dans le terrain qui était occupé par la cuscute, de la graine de luzerne pour remplacer les plants morts, et on l'enterre au râteau.

On conçoit combien il est essentiel, quand on récolte la graine de luzerne, de faucher à part les portions de champ qui sont encore infestées de cuscute.

Quelques faits isolés portent à croire que le plâtre et la chaux vive détruisent la cuscute. MM. les Associés correspondants sont priés de transmettre à cet égard leurs observations.

81. La durée des luzernières varie beaucoup ; on

en a vu donner des produits avantageux jusqu'à trente ans, d'autres se dégarnir au bout de trois à quatre ans. La nature du sol, les soins préparatoires de culture qu'il a reçus, l'abondance des engrais, et surtout l'attention continue d'en écarter les bestiaux, contribuent à prolonger l'existence de la luzerne.

82. Quand une luzerne commence à perdre de sa vigueur, il faut la herser à la herse à dents de fer. Cette opération, qui, pour la luzerne comme pour le sainfoin, produit des résultats étonnants, se fait, pour la luzerne, immédiatement après la dernière coupe, puis une deuxième fois à la fin de l'hiver, avant que la végétation se ranime. Elle peut être répétée utilement tous les ans. (Nos. 50 et 94.)

83. La destruction d'une luzerne est une opération difficile à laquelle échappent toujours beaucoup de pieds. L'emploi de la bêche est ce qui convient le mieux; mais ce mode de défrichement est inapplicable à une culture en grand; on y supplée en faisant suivre la charrue par un homme armé d'un pic; mais ce procédé, pour lequel il faut, par intervalles, suspendre la marche de la charrue, est encore long et dispendieux. Notre charrue ordinaire de Berry à soc pointu est infiniment moins convenable à cet égard que celles des contrées où le soc est plat, large et tranchant. Comme on ne peut espérer que ces charrues soient adoptées par les cultivateurs de ce département, ils doivent au moins ne pas négliger les deux avis suivants :

1°. Adapter à la charrue ordinaire le soc détaillé

art. 32 ; soc qui n'exige aucun changement dans la charrue, et qui peut être fait par le premier maréchal de campagne ;

2°. Labourer profondément.

84. L'extrême fertilité qu'un champ acquiert par l'existence d'une luzerne ne peut faire la matière d'un doute. Elle est telle qu'il faut faire précéder le premier ensemencement en blé froment par une récolte d'avoine. Cette fertilité se fait remarquer pendant plusieurs récoltes.

85. Consulter les observations générales. (Nos. 87 et suivants.)

86. Il existe une espèce de luzerne connue sous le nom de *lupuline*, qui a été cultivée avec avantage dans ces derniers temps, et qu'il est essentiel de faire connaître dans le département.

Cette plante est bisannuelle comme le trèfle, et par conséquent sa durée se prête, ainsi que celle du trèfle, aux assolements à courts termes.

Sa fleur est jaune, ce qui lui a fait donner le nom de trèfle jaune. La gousse qui enveloppe la graine est noire, et pour cette raison d'autres l'ont nommée trèfle noir.

La couleur de sa graine est jaune, et se confond aisément avec celle de la luzerne à laquelle elle ressemble encore par sa grosseur et par sa forme.

Les terrains où l'on cultive le sainfoin sont ceux qui lui conviennent (n°. 38) ; mais elle redoute moins que lui une certaine humidité, et vient encore très bien dans les terres où le trèfle se plaît.

Le fourrage qu'elle donne parvient rarement à une hauteur qui permette de le faucher; mais il est de la plus excellente qualité, sain, nourrissant, et n'ayant pas comme la luzerne et le trèfle l'inconvénient d'être dangereux pour les bestiaux qui le mangent en vert.

Cette plante résiste au moins aussi bien que le sainfoin à la sécheresse.

Elle peut utiliser des terres ingrates et qui se refusent à d'autres cultures.

Elle est indigène dans le département où l'on voit des champs entiers qui en sont couverts.

Cette plante entre en fleur de très bonne heure, et donne long-temps des fleurs et des graines.

La graine qu'elle fournit est très abondante, et celle que quelques propriétaires ont jusqu'à ce jour fait venir de Paris coûte ordinairement moitié ou le tiers moins cher que celle du trèfle.

Le mode de culture et la quantité de semence observés pour le trèfle doivent servir de règle pour la lupuline.

La destination la plus convenable de cette plante est d'être pâturée par les bestiaux. Beaucoup de métayers en Berry gardent des champs au printemps pour leurs brebis ou leurs agneaux; et, pour cet objet, la lupuline rendrait les plus importants services. C'est sous ce point de vue surtout que la Société en recommande la culture. Le cultivateur qui en semerait dans un champ de menus blés, doit, après la récolte de ce blé, interdire le champ aux bestiaux jusqu'au printemps de l'année suivante, et jusqu'à l'époque ou ses agneaux commenceront à aller aux champs. (Nos. 13, 44 et 95.)

Observations générales et communes à toutes les plantes qui forment des prairies artificielles.

87. Quelles que soient les contrariétés des saisons, elles nuisent moins au succès des prairies artificielles que le défaut de soins de la part du cultivateur.

88. Le premier soin indispensable est de bien choisir le terrain qui convient à chaque plante, et de ne pas se tromper à cet égard. (Nos. 58, 65 et 86.)

89. Un autre soin essentiel est de fumer la terre. Quelque appropriée que soit la nature du sol à la plante qu'on lui confie, c'est une erreur de croire que cette plante y prospèrera, si cette terre est épuisée de longue main. Le cultivateur ne doit point lui épargner le fumier par les raisons suivantes :

1°. En fumant amplement sa cassaille, il récoltera d'abord un froment ou seigle, et l'année d'après un menu blé, qui profiteront de l'amélioration de la terre. Ainsi, sous le rapport des blés, son fumier n'est pas perdu pour lui ;

2°. La prairie artificielle, surtout si c'est un sainfoin ou une luzerne, occupera la terre un certain nombre d'années, pendant lesquelles elle donnera des récoltes précieuses, et dispensera de tout fumier ;

3°. La prairie artificielle, si elle réussit, laissera après elle une fertilité qui représentera, et bien au-delà, le fumier qu'on lui aura donné pendant l'année de cassaille.

90. Les trois espèces de prairies artificielles ne doivent point être semées et mélangées ensemble :

1°. Parce que les époques de maturité ne sont pas les mêmes pour les trois plantes ;

2°. Parce que la durée de ces trois plantes n'étant pas la même, la première détruite laisserait dans le champ des vides que rempliraient bientôt des plantes inutiles ou nuisibles ;

3°. Parce qu'enfin, dans la plupart des localités, la même terre convient rarement à deux plantes à la fois.

91. Les menus blés que l'on sème avec les graines de prairies artificielles doivent être semés moins épais, surtout dans les terrains fertiles, où ils étoufferaient le plant auquel ils sont associés.

92. En général, il vaut mieux semer les graines de prairies artificielles trop épais que trop clair : les plantes pousseront des tiges plus menues, et par conséquent d'une dessication plus facile ; des tiges moins dures, et par conséquent plus agréables aux bestiaux. La prairie artificielle étant mieux garnie étouffera mieux les plantes nuisibles. D'ailleurs, pour peu qu'une prairie artificielle dure quelques années, les hivers détruisent toujours quelques pieds dont l'absence ferait des vides fâcheux, si la prairie n'était pas assez touffue pour regarnir les places occupées par les pieds détruits.

93. Il est essentiel pour les cultivateurs qui voudraient semer dans des vergers le sainfoin, et surtout la luzerne, de savoir que ces deux plantes, à raison de leurs longues racines, de l'état de non culture où elles tiennent la terre, et de la durée prolongée de leur existence, nuisent beaucoup à la prospérité des arbres fruitiers, et souvent les font périr.

94. Plus les prairies artificielles sont fauchées près de terre, mieux cela vaut et pour le cultivateur et pour la prairie artificielle. Il faut donc :

1°. Soigneusement herser, étaupiner, rouler et applanir les champs dans lesquels on les sème;

2°. Epierrer les champs qui en ont besoin, et ne pas oublier de recommencer cet épierrement à la suite du hersage à la dent de fer que l'on donne après l'hiver aux sainfoins et aux luzernes. (Nos. 50 et 82.)

95. Les plantes des prairies artificielles vivant plus par leurs feuilles dans l'atmosphère que par leurs racines dans la terre, il est de la plus haute importance de ne point les priver de leurs feuilles dans les premiers temps de leur accroissement.

Ainsi, il faut s'interdire sévèrement de faucher ni faire pâturer trèfle, sainfoin, ni luzerne l'année de leur ensemencement, quelque belle que soit leur végétation à l'automne.

96. On a observé qu'un trèfle fauché trop tard, et qui n'avait pu avant l'hiver faire de nouvelles pousses, était infiniment plus susceptible des effets de la gelée, se dépeuplait et souvent se perdait pendant l'hiver.

97. Une prairie pâturée repousse moins vîte et moins bien qu'une prairie fauchée.

98. Une prairie pâturée donne après sa destruction des produits en blé inférieurs à ceux d'une prairie fauchée.

99. L'attention de ramasser dans le champ le fourrage en petits tas ou cachons, et de le laisser paser ainsi quelques jours, l'améliore singulièrement; et, en faisant sortir de l'intérieur des tiges l'eau de végétation que l'ardeur du soleil y concentre pendant le fanage, ce procédé prévient l'inconvénient de la moisissure dans les greniers. Il ne peut être trop recommandé dans la culture des prairies artificielles, même dans celle du sainfoin.

100. Le pâturage des bestiaux est le plus grand fléau des prairies artificielles fauchables; il est aussi le plus grand obstacle qu'on éprouve dans le département de la part des métayers à l'établissement de ces prairies : de tous côtés ils objectent que les bêtes à cornes sont à cet égard moins dangereuses que les bêtes chevalines et que les bêtes à laine; qu'elles y font moins de mal dans un temps que dans un autre. Quelques faits isolés appuient, il est vrai, leurs réclamations; mais l'expérience journalière prouve qu'il est peu de moments où la dent des bestiaux ne soit mortelle pour les prairies artificielles; que quand bien même les moments favorables seraient exactement connus, le choix n'en sera jamais fait avec discernement, ni observé régulièrement par les habitants de la campagne; et qu'en dé-

finitif la prompte destruction de la prairie sera toujours la suite inévitable des erreurs fréquentes que ne manqueront pas de faire les métayers et les cultivateurs. En principe général, il faut ou renoncer aux prairies artificielles fauchables, ou renoncer à y envoyer les bestiaux.

101. Les prairies artificielles, de leur côté, sont un fléau terrible pour les bestiaux qui les pâturent dans les champs. Le trèfle et la luzerne, consommés sur pied lorsqu'ils sont encore couverts de pluie ou de rosée, sont mortels pour eux, et leurs effets sont si prompts, qu'une demi-heure d'oubli suffit souvent pour détruire un troupeau tout entier.

Malgré la rareté des prairies artificielles dans le département, des exemples nombreux ont déjà confirmé cette funeste vérité.

102. Ces accidents graves, connus sous le nom de météorisation, tempanite, indigestion, tranchées, coliques venteuses, se font connaître chez les animaux par l'enflure du ventre, une respiration gênée : l'animal bat des flancs et est dans une agitation continuelle. Le cheval est le seul chez lequel aucun signe extérieur ne fait connaître la tuméfaction de l'estomac.

103. Les remèdes indiqués doivent être administrés promptement. Voici ceux qu'il convient d'essayer d'abord :

L'immersion dans une eau quelconque ; des douches d'eau froide sur le dos, les reins, les flancs ; une marche accélérée.

Trop souvent ces premiers remèdes sont insuffisants ; il faut alors avoir recours aux remèdes intérieurs ; le plus efficace après l'éther , que son haut prix exclut , est une dissolution de sel de nitre (nitrate de potasse) dans de l'eau-de-vie.

Quand , malgré ce médicament , la panse continue de se balloner , il faut , avec un instrument tranchant quelconque , faire la ponction , introduire par l'ouverture un tube de roseau, de sureau ou toute autre canule qui donne passage à l'air dont la sortie soulage ordinairement l'animal ; dans le cas contraire , il faut augmenter l'ouverture , introduire la main dans la panse , et en retirer la masse d'aliment qui cause tout le mal. On fait ensuite quelques points de suture. Cette opération , qui manque rarement , est facile et n'a d'effrayant que l'apparence.

104. M. Deschâtres , membre de la Société d'Agriculture de l'Indre , a constaté que le pacage des luzernes réussit bien aux agneaux tant qu'ils tettent, et leur devient funeste aussitôt qu'ils sont sevrés. Ce fait singulier a fait supposer avec raison que le lait était un remède contre les indigestions ou météorisations occasionnées par les prairies artificielles ou autres fourrages verts. Des essais multipliés ont confirmé cette vérité , et , dans quelques cantons du département , on y emploie avec un succès constant le lait conjointement avec la poudre à tirer. La dose pour un bœuf est un setier de lait avec une charge de fusil de poudre à tirer. Le lait a plus d'énergie quand il est fraîchement tiré. Ce remède

est précieux en ce qu'il se trouve sous la main des plus simples cultivateurs. Cependant, il est souvent insuffisant, et alors il faut recourir à l'opération détaillée à l'article précédent. (N°. 103.)

105. Lorsque l'on a sacrifié des prairies artificielles pour le parcours des bestiaux, il faut, pour éviter autant que possible les accidents détaillés ci-dessus, ne les y envoyer ni par la pluie, ni par la rosée.

106. Le plus sûr comme le plus économique est de faire faucher pendant la chaleur, jour par jour et 24 heures à l'avance, la quantité dont on a besoin, et qu'on laisse ressuer à l'abri dans un endroit aéré où l'on peut remuer le fourrage de temps en temps s'il est nécessaire. On peut mettre le fourrage dans l'étable même, en le déposant sur une claie ou morceau de ratelier suspendu isolément par les quatre coins au solivage de l'étable.

Ce que l'on perd en frais de fauchage et transport est bien compensé par les pertes dues au piétinement des bestiaux, qui gâtent dans le champ plus de fourrage qu'ils n'en consomment.

Le fourrage ainsi donné en vert à l'étable, doit être administré, dans les commencements, en petites quantités, et être intercallé avec quelqu'autre nourriture sèche.

108. En général, les fourrages fanés ont besoin de ressuer pendant deux mois, plus ou moins. Si avant l'expiration de ce terme on les donne aux bestiaux, il peut en résulter des inconvéniens graves pour leur

santé. Cette observation est particulièrement applicable aux regains ou revivres des prés naturels.

109. Le plâtre est un des meilleurs amendements connus pour les prairies artificielles.

110. Pour être employé, il faut qu'il soit cuit, mais moins que pour les constructions.

111. Le plâtre étant cuit et pulvérisé est répandu à la main sur les prairies artificielles (1).

112. La quantité de plâtre cuit et pulvérisé à répandre sur un champ doit être un peu plus forte que celle de la semence du blé froment qu'on y répandrait. En général, on y emploie en contenue le même nombre de boisseaux, et environ un tiers en sus.

L'excès à cet égard ne nuit ni ne sert aux plantes ; c'est seulement une dépense inutile.

113. Pour que le plâtre produise son effet, il faut,

1°. Qu'il soit répandu par un temps calme, humide et non pluvieux ou orageux ;

2°. Que les plantes aient commencé à pousser ; car ce n'est qu'autant qu'il s'attache aux feuilles des plantes qu'il remplit son objet.

114. Toutes les époques de l'année sont indifférentes quand elles offrent ces deux conditions ; cependant, l'époque la plus généralement usitée pour cette opération, dans le département, est le mois d'avril. Quant au trèfle,

---

(1) La Société espère pouvoir bientôt annoncer aux cultivateurs du département un procédé plus expéditif et moins sujet à inconvéniens.

plusieurs motifs paraissent devoir déterminer à le plâtrer dans l'automne de l'année où il a été semé :

1°. L'effet du plâtre ne se manifestant pas ordinairement de suite, les récoltes de l'année suivante, qui est la plus importante, en sont améliorées d'une manière plus sensible ;

2°. Il est plus aisé de choisir un moment favorable.

115. L'effet du plâtre dure au moins trois ans : répandu tous les ans sur le même champ, il cesse de produire de bons effets. Il faut environ trois ans d'intervalle.

116. On a remarqué que le plâtre répandu sur un sainfoin, âgé seulement d'un an, augmentait, il est vrai, son produit, mais en abrégeant la durée de la plante. Le plâtre répandu un an plus tard n'a pas paru avoir le même inconvénient.

Il est probable que cette observation est commune à la luzerne. Ce fait est intéressant à vérifier. MM. les Associés correspondants sont priés de s'en occuper.

117. Le sainfoin et la luzerne sont plâtrés au plus tôt dans le printemps qui suit leur première récolte, c'est-à-dire au commencement de la troisième année de leur existence.

118. L'eau, introduite dans une prairie immédiatement après l'enlèvement d'une récolte, est un des plus puissants moyens d'augmenter et le nombre et le produit des récoltes suivantes. Malheureusement ce moyen est rare dans le département.

119. Une prairie artificielle quelconque ne doit reparaître dans un champ qu'après un espace de temps égal au moins à celui pendant lequel elle a occupé la terre.

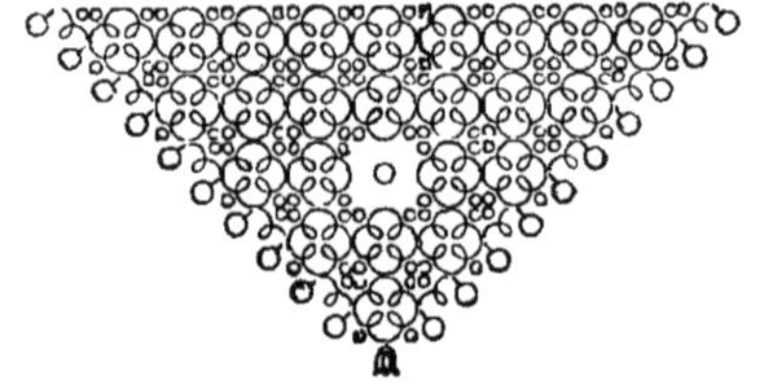

Séance du 2 Juillet 1825.

RAPPORT

Sur les moyens de concilier avec la culture par métayers l'établissement et la conservation de la culture des prairies artificielles;

Par M. DE PUYVALLÉE, Président de la Société.

MESSIEURS,

Depuis la formation de notre Société, l'établissement de la culture des prairies artificielles a été l'objet constant de notre sollicitude. Pénétré de la haute importance de cette précieuse culture qui naguère était presqu'inconnue parmi nous, vous avez voulu faire partager votre conviction personnelle à vos concitoyens. Vous leur avez offert dans vos bulletins des instructions utiles; des établissements fondés par vos soins leur ont procuré des ressources nouvelles pour l'achat des graines autrefois si rares dans ce département, et pour celui du plâtre qui a si puissamment secondé les premiers essais; des médailles d'encouragement distribuées annuellement par la société ont encore ajouté à l'utile émulation que vous avez créée. Les plus heureux succès ont couronné nos efforts. De nombreux propriétaires, des communes entières ont enfin ouvert les yeux sur des richesses que la nature offrait partout, et que partout on négligeait par ignorance. Les fourrages se sont multipliés, et, par un enchaînement de succès dépendants tous d'une cause première qui est votre ouvrage, les bestiaux ont suivi la progression des fourrages, les engrais celle des bestiaux, les blés enfin celle des engrais. Déjà dans plusieurs communes l'aisance succède à la misère, et pour des hommes animés comme vous, Messieurs, de l'amour de leur pays, le spectacle de ces heureux changements est la plus douce récompense de vos travaux. Assez heureux pour les avoir partagés, je m'associe aujourd'hui aux douces jouissances qu'ils vous procurent; mais nous serions, je crois, dans une grande erreur si nous pensions avoir atteint le terme de nos efforts.

Jusqu'à ce jour on a cultivé dans notre département les prairies artificielles sans trop s'inquiéter des conséquences; aujourd'hui ces conséquences se présentent en foule. On cultivait au hasard, et le hasard a offert des chances embarrassantes et pour la culture en elle-même et pour les droits du cultivateur en particulier; les prairies artificielles existent; mais, disent les uns, comment les perpétuer dans les domaines? A quel mode de culture, ou, ce qui est la même chose, à quel assolement faut-il les soumettre? Comment, disent les autres, les concilier avec les usages de nos exploitations, avec les conditions de nos baux. Sur quel pied le métayer les recevra-t-il à son entrée ? sur quel pied les laissera-t-il à sa sortie ? Pendant la jouissance, quelle sera la part du métayer dans les produits et dans les frais ? quelle sera la part du propriétaire ?

Ces questions et beaucoup d'autres qui s'élèvent de toutes parts autour de nous, et qui signalent de nouveaux besoins, sont, nous ne pouvons le méconnaître, d'une solution difficile ; ce n'est pas par des systèmes hasardés, par des décisions précipitées que nous pouvons répondre aux vœux de nos concitoyens et aux besoins de l'agriculture. Des essais multipliés, le long examen et la comparaison de nombreuses méthodes, le concours enfin des lumières et de l'expérience de chacun des membres de la Société, deviennent nécessaires pour éclaircir des difficultés qui, telles que celles des assolements, ont depuis long-temps occupé et embarrassé les plus habiles agronomes. C'est donc un devoir pour chacun de nous d'apporter ici le tribut de ses connaissances personnelles ; je satisfais aujourd'hui à ce devoir. Depuis près de dix ans l'établissement de la culture des prairies artificielles a été l'objet de mes efforts ; j'ai obtenu des succès ; mais d'autres peuvent en obtenir de plus importants, peuvent suivre une marche plus sûre. Dans l'exposé que je vais avoir l'honneur de vous faire, loin de donner des préceptes ou même des conseils, je me bornerai à vous faire le récit de mes travaux, et, en y ajoutant le détail des motifs qui m'ont dirigé et qui ont successivement modifié mes calculs et mes opérations agricoles, je mettrai chacun de nous à même de les peser dans l'intérêt de sa propre localité, de censurer ou d'approuver, d'améliorer enfin, et de cette manière l'examen même d'une erreur peut conduire aux développements et à la connaissance des plus utiles vérités. La haute importance de l'objet qui nous occupe me dispense peut-être de réclamer votre attention pour une discussion dont il me sera quelquefois difficile de déguiser la longueur et l'aridité; j'éprouverais un regret plus vif, celui de vous entretenir de détails qui me sont purement personnels, si cet inconvénient, inséparable de la question que je traite et qui se représentera pour chacun de nous, ne trouvait son excuse naturelle dans l'utilité des vues qui nous animent tous. Mais pour mettre quelqu'ordre dans une question aussi compliquée de sa nature, distinguons d'abord ce qui est uniquement relatif aux assolements; nous nous occuperons ensuite des moyens de concilier un assolement convenable avec nos habitudes agricoles et les conditions ordinaires de nos baux. Je terminerai par quelques réflexions générales sur les prairies artificielles et particulièrement sur l'extension qu'il conviendrait de donner à leur culture dans les domaines, eu égard à l'importance de chaque exploitation.

Cette division établie, je commence par les assolements.

Lorsque, pour la première fois, je résolus de me livrer à la culture des prairies artificielles, je n'avais en vue que l'amélioration des terres en réserve que je faisais valoir par domestiques. Ces réserves m'offraient tous les moyens de me livrer aux essais que cette culture rendait nécessaires. Mais bientôt le succès ayant dépassé mes espérances, je compris que des avantages aussi précieux ne devaient pas être restreints au cercle étroit d'une exploitation qui présente ordinairement plus d'agrément que de revenu réel au propriétaire. Nos revenus en Berry provenant tous essentiellement des domaines que nous faisons valoir par métayers, je compris que c'était dans ces domaines qu'il fallait introduire cette culture nouvelle, et ce projet de difficile exécution, fortement arrêté et long-temps médité, devint désormais la base et le régulateur de mes calculs, qu'il modifia plus d'une fois dans l'application des principes rigoureux de la théorie.

La culture des terres en Berry est presqu'en totalité entre les mains des métayers, classe d'hommes pauvres, peu instruits, qui se chargent de l'exploitation des terres, sans avoir ni bestiaux, ni effets aratoires, ni capitaux; classe d'hommes dont les faibles avances sont perpétuellement compromises par l'incertitude des récoltes et les mortalités de bestiaux; d'hommes enfin qui cultivent en vertu de baux de la plus courte durée. On conçoit que de pareils cultivateurs, bornés dans leurs espérances comme dans leurs projets, attachent peu de prix à l'amélioration du sol; qu'ayant très peu de chose à perdre, ils n'osent rien livrer au hasard, et que cette ancienne routine qui a assuré l'existence de leurs pères, est pour eux une règle dont il est difficile et souvent dangereux de les éloigner ; je pensai donc que d'aussi faibles coopérateurs exigeaient de grands ménagements; que leur demander trop était le moyen de ne rien obtenir, et qu'ici, comme ailleurs, le mieux était l'ennemi du bien. Cette pensée que vous partagerez peut-être, Messieurs, m'a servi de guide dans mes rapports avec mes métayers, et particulièrement dans le mode de culture que j'avais à leur faire suivre. Ce mode ne pouvait être le même pour les diverses espèces de prairies artificielles ; je commencerai par celui que j'ai adopté pour le trèfle.

Parmi les assolements divers que me présentait une théorie savante, il en est un qui fixait plus particulièrement mon attention, et que recommandent les noms les plus célèbres en agriculture, comme les succès les mieux constatés ; j'ai cependant été forcé de l'abandonner; mais les motifs qui m'y ont déterminé pouvant jeter un grand jour sur le reste de cette discussion, je vais entrer dans quelques détails à cet égard.

L'assolement dont je viens de parler est quadriennal et s'observe de la manière suivante :

Première année, labours divers, fumiers conduits au printemps, culture sarclée de plantes légumineuses, crucifères ou tuberculeuses.

Deuxième année, sur nouveau labour et sans engrais, ensemencement au printemps d'une céréale de mars, et simultanément de graine de trèfle.

Troisième année, récoltes plus ou moins nombreuses

de trèfle, suivies sur un seul labour et sans engrais d'un ensemencement de blé d'hiver.

Quatrième année, récolte du blé d'hiver, semé l'automne précédent.

Cet assolement présente des avantages réels : un alternat bien combiné de cultures améliorantes et de récoltes épuisantes, une proportion convenable entre le produit des grains et celui des fourrages, une diminution dans les labours de certaines années. Je ne doute nullement qu'il n'ait donné des résultats avantageux aux cultivateurs qui l'ont adopté; mais est-il applicable à toutes les localités? est-il possible surtout avec notre culture par métayers? voilà la question que j'avais à me faire; voici les raisons qui m'ont déterminé pour la négative.

1°. Dans cet assolement tous les fumiers sont conduits au printemps. Or, nous avons beaucoup de localités où, à cette époque, ce transport est physiquement impossible à raison de l'état des chemins et surtout des champs labourés.

2°. Tous les fumiers sont conduits au printemps de la première année, et ce n'est qu'à la fin de la quatrième année que se fait la première récolte de blé d'hiver; trouverions-nous, avec nos baux de courte durée, un seul métayer qui consentît à fumer quatre années de suite avant de récolter ni froment ni seigle?

3°. Dans l'assolement quadriennal, l'ouvrage des charrues se trouve distribué de manière qu'il y a excès de travail à l'époque du printemps. Supposons un domaine ordinaire de 1,200 boisselées (75 hectares), divisées en quatre soles ou tournures, chacune de trois cents boisselées. D'après cet assolement, deux tournures, c'est-à-dire six cents boisselées, devront être labourées et ensemencées avant la fin d'avril, et à cet ouvrage considérable, il faut encore ajouter la conduite du fumier sur une de ces tournures. Il m'a paru évident que le temps manquerait à nos métayers pour les ouvrages du printemps, tandis que pendant les quatre mois suivants leurs charrues n'auraient rien à faire. On a beaucoup parlé et avec raison de l'aveugle routine que suivent nos laboureurs ; mais en blâmant ce qui est mal, il ne faut pas soi-même s'aveugler sur ce qui est bien. La sage distribution du travail pendant tout le cours de l'année m'a toujours paru une des combinaisons les plus heureuses de notre assolement triennal, où les semailles du printemps, les cassailles, retranchailles et semailles d'automne, établissent une succession non interrompue de travaux sans surcharge ni lacunes.

4°. Dans l'assolement quadriennal, la première année est consacrée à la culture des plantes tuberculeuses, crucifères ou légumineuses. Le produit de ces plantes consiste en pommes de terre, raves, navets, carottes, betteraves, etc. Ce produit est-il d'un facile débit ? Tous les propriétaires qui ont cultivé ces plantes dans des proportions plus restreintes, se plaignent de ne pouvoir les vendre ; il faudra donc les consommer dans le domaine ; mais, pour cela, il faudra non seulement des locaux pour les défendre des gelées, mais encore des ustensiles pour les faire cuire. Il faudra du temps, du soin et de la main-d'œuvre : je conçois que tout cela sera plus ou moins facile pour un propriétaire et pour un fermier auxquels les récoltes appartiennent en totalité. Mais le partage des fruits de la terre entre le propriétaire et le laboureur fait la base de nos baux à métayer. Et pour ces nouveaux produits, comment ce partage se fera-t-il ? Que deviendra la part du maître? S'il l'abandonne pour la nourriture des bestiaux, ne sera-t-elle pas détournée de cette destination au profit du métayer et de la nourriture de son ménage, aux frais de laquelle, d'après nos baux, le propriétaire doit rester étranger ? Ces réflexions diverses m'ont fait penser que cette culture présentait dans l'intérêt du propriétaire une complication de difficultés insurmontables.

5°. La culture des plantes dont je viens de parler entraîne avec elle la nécessité du sarclage, et le sarclage appliqué à notre grande culture à laquelle il est étranger, est-il possible dans un pays où les bras manquent et où les cultivateurs sont sans argent ? Certainement dans nos domaines cette opération très longue et très dispendieuse serait ou mal faite, ou tout-à-fait abandonnée. Cependant c'est sur le sarclage que dans l'assolement quadriennal repose l'espoir du nettoiement de la terre, et ce nettoiement préliminaire, indispensable à toute bonne culture, est d'autant plus nécessaire dans notre département, que beaucoup de terres, surtout les terres sablonneuses y sont infestées de chien-dent et d'autres plantes parasites que le trèfle ne détruit pas. Mais ce que nos métayers ne peuvent faire par le sarclage, ils le feront par les labours et les hersages d'été, parce que cette manière de cultiver n'exige que des charrues, des herses, des chevaux, des charretiers, et que tout cela se trouve dans nos domaines où il n'y a point d'argent pour payer de nombreux journaliers sarcleurs. Peut-être le nettoiement sera-t-il moins complet que par la voie du sarclage ; mais l'expérience m'a appris qu'il serait encore suffisant pour obtenir de très belles récoltes ; et le mieux étant tout-à-fait impossible, je pensai qu'il fallait m'en tenir à un moyen qui me présentait le double avantage d'être possible dans l'exécution et suffisant dans ses résultats.

J'arrêtai donc de consacrer, dans l'assolement que j'adopterais, une année toute entière à la préparation de la terre. En adoptant cette mesure, je renonçais à la suppression de la jachère ; je sais combien d'écrits ont paru sur cette grave question, je ne veux point la traiter ici ; il est possible que la suppression de la jachère mérite tous les éloges qui lui ont été donnés. Mais si c'est l'état de perfection dans la culture, bien certainement il ne peut exister qu'avec des capitaux abondants entre les mains des cultivateurs et un état préliminaire de nettoiement et d'amélioration dans les terres ; or, ces deux points n'existent pas parmi nous. Si c'est le but auquel il faut tendre, le premier moyen d'y parvenir est l'introduction des prairies artificielles, et dans l'état actuel de la culture dans notre département, cette introduction serait impossible avec l'absence de la jachère.

Je renonçai donc à la supprimer dans les domaines et à y faire cultiver les plantes sarclées. Ce point de départ arrêté, la première année de mon assolement se trouva consacrée à donner à la terre tous les labours et hersages nécessaires, à conduire les fumiers dans le moment le plus commode pour les labours, qui à cet égard ont toujours, plus par force que par choix, conservé leur ancien usage. Le fumier conduit devait être suivi en septembre ou octobre d'un ensemencement en blé d'hiver dont la récolte remplissait la destination de la deuxième année; mais avant d'aller plus loin, il fallait résoudre une question importante.

A quelle époque de l'assolement convenait-il d'y introduire le trèfle? deux moyens se présentaient, l'un de le semer au printemps sur le froment semé l'automne précédent, l'autre de le semer sur une céréale de mars. Dans le premier cas, le fumier plus rapproché du semis assurerait davantage le succès de la prairie artificielle; dans le second cas, la céréale de mars qu'il faudrait nécessairement placer immédiatement après une céréale d'hiver, sous peine de fumer deux fois, donnerait une accumulation de récoltes épuisantes dont l'effet naturel serait de fatiguer la terre et de multiplier les plantes parasites. Je me suis cependant décidé pour le second moyen par des raisons qui m'ont paru très fortes :

1°. Le trèfle semé sur le froment ou seigle d'hiver

lèvera très bien sans doute, mais l'épaisseur et la hauteur du blé compromettra son succès de la manière la plus grave : l'expérience confirme cette assertion, surtout dans les terres fertiles, et tous les agronomes instruits qui veulent que l'ensemencement du trèfle ait lieu sur une céréale de mars, recommandent même de semer cette dernière beaucoup plus clair qu'à l'ordinaire.

2°. Pour cultiver les blés d'hiver, nous disposons la terre en billons étroits et non par larges planches. Notre manière de cultiver nous est impérieusement commandée dans certaines localités par l'excès d'humidité et par le long séjour des eaux d'hiver qui noieraient infailliblement les blés. Or, dans un champ ainsi disposé, le trèfle ne serait pas fauchable, la faux ne pourrait atteindre que les sommités de la plante, et plus de la moitié de la récolte serait perdue.

Sans doute, dans les cantons moins humides, il y aurait un remède qui consisterait à disposer la terre en larges planches; mais ce moyen nécessiterait un changement dans les charrues; et les propriétaires qui tenteront comme moi l'introduction dans leurs domaines de la culture des prairies artificielles et qui connaîtront l'extrême difficulté d'obtenir des changements de la part des métayers, m'approuveront, je crois, de n'avoir pas exigé de nouveaux sacrifices de leurs habitudes.

J'abandonnai donc l'idée de semer le trèfle sur les blés d'hiver, et je dus alors adopter celle de consacrer la troisième année de l'assolement à la culture d'une céréale de mars accompagnée d'un ensemencement de trèfle.

On voit par cette suite de réflexions que la suppression des plantes sarclées, et par une conséquence nécessaire le maintien de la jachère, m'ont forcément amené à ces trois premières années de culture, *jachère ou cassaille, bons blés et menus blés*, ou, en d'autres termes, que j'ai dû conserver l'assolement triennal suivi par nos métayers. Ce point où j'ai été ramené malgré moi après un long circuit de raisonnements et d'essais, m'a étonné d'abord, mais en même temps il m'a satisfait; non que je regarde ce mode de culture comme le plus parfait en lui-même, mais il avait pour moi un mérite de convenance relatif au but que je me proposais. Ce but était essentiellement de faire adopter les prairies artificielles par mes colons; et en leur proposant un commencement d'assolement conforme à leur culture ordinaire, je les laissais tout naturellement sur la pente de leurs habitudes, et il ne me restait plus qu'une légère déviation à leur donner pour le diriger vers le but désiré.

Le trèfle une fois introduit dans l'assolement, j'avais à déterminer la durée de son existence. Pendant les premières années de mes essais, j'ai suivi les indications données par les principaux auteurs agronomiques qui ne le font durer qu'une année. Leurs assolements divers offrent tous des cultures de plantes sarclées destinées à la nourriture des bestiaux, et ces produits variés les dispensent de tirer du trèfle toutes les ressources qu'il présente comme fourrage. Mais bientôt l'expérience

7

m'apprit que l'abandon des plantes sarclées me faisait un devoir d'être plus économe des avantages du trèfle. D'ailleurs sa culture, quoique peu dispendieuse en elle-même, entraîne cependant avec elle l'utile opération du plâtrage qui exige des soins et des frais. Le plâtre dans notre département est moins abondant et plus cher qu'aux environs de Paris. Il fallait donc tirer de cette dépense tout l'avantage possible, et il me sembla qu'à cet égard une seule année de récolte ne remplissait pas le vœu d'une sage économie. De plus, je voulais que mes laboureurs fussent à même de se fournir eux-mêmes de graines ; ils ne pouvaient le faire que sur la deuxième herbe de la première année de récolte ; mais je savais par expérience que si cette récolte de graine de trèfle était immédiatement suivie d'un labour et d'un ensemencement en blé, les débris de cette graine récoltée couvriraient la terre, lèveraient et prolongeraient, en la renouvelant, l'existence du trèfle dans le même champ. Or, comme la terre veut alterner dans ses produits, qu'elle se lasse de trèfle comme de toute autre plante, je pensais avec raison, ce me semble, que cette prolongation d'existence pendant la première rotation de l'assolement, nuirait à la prospérité du trèfle pendant la deuxième rotation. Il fallait donc, ou renoncer à recueillir de la graine, ou conserver le trèfle une année de plus ; j'adoptai ce dernier parti.

Ainsi, j'arrêtai que la quatrième année de l'assolement me donnerait, en trèfle, d'abord une récolte de fourrage, et, à la deuxième herbe, une récolte de graines ; que la cinquième année me donnerait une nouvelle récolte de fourrage après laquelle la prairie artificielle serait rompue, et suivie à l'automne d'un ensemencement en blé. Je laissai aux métayers le choix du moment convenable pour labourer pendant cette cinquième année, et il m'eût été difficile de le fixer moi-même ; ce que je puis affirmer, c'est que lorsque l'endurcissement de la terre, suite des chaleurs prolongées, ne leur a permis de donner qu'un seul labour à la terre avant l'ensemencement, non seulement le blé n'a jamais paru en souffrir, mais qu'alors, comme par exemple en 1824, la récolte de ce blé a été d'une beauté extraordinaire ; je dois avertir que ce blé est semé sans autres engrais que les débris végétaux de la prairie rompue : sa récolte remplit, comme on le voit, la sixième et dernière année de l'assolement après laquelle une seconde rotation commence par l'année de cassaille expliquée ci-dessus.

Reprenons actuellement dans un cadre plus resserré la suite de cette culture et donnons l'explication des tableaux d'assolements que je joins ici pour l'intelligence des diverses combinaisons qu'elle présente. (*Voir le tableau n°.* 2.)

Première année, cassaille, c'est-à-dire divers labours donnés à la terre, fumiers conduits et ensemencement à l'automne de blé d'hiver.

Deuxième année, blé d'hiver, c'est-à-dire récolte du blé semé l'automne précédent.

Troisième année, mars et trèfle, c'est-à-dire ensemencement au printemps de céréale de mars et simultanément de graine de trèfle. Récolte de la céréale.

Quatrième année, trèfle-trèfle, c'est-à-dire première récolte de trèfle en fourrage, deuxième récolte en graine.

Cinquième année, trèfle–cassaille, c'est–à–dire récolte de trèfle en fourrage, puis rupture de la prairie artificielle suivie à l'automne et sans fumier d'un ensemencement en blé.

Sixième et dernière année, blé d'hiver, c'est–à–dire récolte du blé semé à l'automne précédent.

En résumant les divers produits de cette culture, on voit qu'en six années la même terre donne :

Deux récoltes de blé d'hiver;

Une récolte de céréale de mars;

Trois récoltes de trèfle dont une en graine et deux en fourrage.

Avec l'ancien assolement triennal, la même terre eût donné deux récoltes de blé d'hiver et deux de céréale de mars. Ainsi la différence des produits consiste uniquement en ce que, dans l'assolement de six ans, au lieu d'une récolte de céréale de mars qui eût nécessité des frais de labours et de semence, il y a trois récoltes de trèfle qui n'entraînent point de frais de labours et de très faibles frais de semence. Dans cet assolement l'augmentation porte donc sur le fourrage, c'est–à–dire positivement sur ce qui manque le plus dans nos domaines, et cette considération m'a toujours paru agir puissamment sur l'esprit des métayers et déterminer leur consentement.

Je dois faire remarquer que dans cet assolement qui dure six ans, la terre n'est fumée qu'une fois; elle donne cependant deux fois du blé d'hiver, et je dois ajouter que la plus belle de ces deux récoltes est toujours celle qui n'a point reçu de fumier et pour laquelle la terre n'a été engraissée que par les débris végétaux du trèfle enterré.

Maintenant on voit, par le détail des récoltes ci-dessus, que si une seule terre du domaine était soumise à l'assolement, elle donnerait ses diverses récoltes de manière que dans certaines années il y aurait des fourrages sans blé, et dans d'autres du blé sans fourrages; cette inégalité dans les produits comme dans les travaux étant un des inconvénients les plus graves à éviter dans une bonne culture, le meilleur moyen d'y remédier ici est de consacrer au même genre de culture autant de champs qu'il y a d'années dans l'assolement, de donner à tous ces différents champs à peu près une égale étendue, et enfin de cultiver chacun d'eux de telle sorte que les six champs réunis présentent chaque année la totalité des travaux et des produits de l'assolement complet : l'inspection du tableau ci-joint, n°. 3, me dispense de donner à cet égard de plus amples explications. On y voit que chaque champ est soumis au même assolement; mais que tous en parcourent les diverses phases à des époques différentes; que les mêmes récoltes, soit en blé, soit en fourrage, se représentent régulièrement tous les ans, mais chaque année dans des champs différents; et qu'enfin, au bout de six ans, le cours de l'assolement étant terminé, les six champs se trouvent placés au même point où ils étaient six ans plus tôt, de manière qu'une nouvelle rotation commence, et peut, de six années en six années, recommencer à perpétuité.

Avant de terminer ce qui est relatif au trèfle, je ferai remarquer que dans le cours de six années de l'assolement, le trèfle ne peut pas occuper la terre pendant plus de trente mois ; et que, par conséquent, son retour dans le même champ ne peut avoir lieu au plus tôt qu'après quarante-deux mois. Cette proportion m'avait paru conforme aux principes d'une saine théorie, et depuis l'expérience m'a prouvé qu'en observant cet intervalle le trèfle de la deuxième rotation réussit aussi bien que celui de la première.

Passons maintenant à l'assolement du sainfoin :

Cette plante dure plus long-temps que le trèfle ; et, pour la soumettre à un assolement régulier, il fallait nécessairement se livrer à des combinaisons différentes.

La première difficulté était d'assigner un terme fixe à sa durée ; il fallait que ce terme ne fût ni trop long pour les terres où les herbes naturelles s'emparent promptement du sol, ni trop court pour les terres saines et en pente où son existence se prolonge si long-temps ; il fallait surtout dans la fixation de cette durée ne pas effrayer des métayers qui s'occupent si peu de l'avenir.

Après avoir réuni ce que mon expérience personnelle, celle de mes colons et les ouvrages des divers auteurs agronomiques, pouvaient me fournir de lumières à cet égard, je me suis enfin arrêté au terme de six années, et je n'ai eu qu'à me louer depuis de cette détermination.

Ce premier point de départ arrêté, il fallait fixer le mode de culture que j'adopterais pour les céréales, et en même temps le délai après lequel le sainfoin devait reparaître dans le même champ. Les réflexions que j'avais faites sur la culture des céréales dans l'assolement du trèfle, se présentaient naturellement dans l'assolement du sainfoin, confié comme le trèfle à des métayers; et ne voyant aucun nouveau motif de changer à cet égard, je conservai la culture triennale avec tous ses inconvénients, bien persuadé, comme l'expérience l'a vérifié depuis, que l'existence prolongée du sainfoin remédierait plus encore que dans l'assolement de trèfle aux inconvénients de cette culture.

J'arrêtai donc que six années seraient consacrées à la culture triennale des céréales, ce qui, avec les six années de durée attribuées au sainfoin, faisait en totalité une rotation de douze années, dont la culture présentait le tableau suivant (N°. 4):

Première année, *cassaille,* c'est-à-dire labours divers, fumier et ensemencement à l'automne de blé d'hiver.

Deuxième année, *blé d'hiver,* récolte dans le cours de l'année.

Troisième année, *mars* et *sainfoin*, c'est-à-dire ensemencement au printemps de céréale de mars, et simultanément de graine de sainfoin. Récolte de la céréale.

Quatrième, 5e., 6e., 7e., 8e. et 9e. années, *sainfoin*, c'est-à-dire récolte de la prairie artificielle. A la fin de la 9e. année, qui est la 6e. de l'existence du sainfoin, je romps la prairie immédiatement après la semaille des bons blés, et lorsque les pluies d'automne ont facilité le labourage dans une terre où il serait presque impossible en été.

La dixième année, *cassaille*. Cette année est consacrée aux divers labours dont la terre se trouve alors avoir un grand besoin. Sans doute, si le sainfoin, placé dans une terre saine et en pente, s'était conservé maître du sol jusqu'à la dernière année de son existence, l'absence des herbes parasites dispenserait de labours multipliés ; mais malheureusement toutes les prairies de sainfoin ne sont pas dans ce cas, et même dans les meilleurs champs toutes les parties ne sont pas également favorables à sa conservation.

L'expérience m'a appris qu'entre la destruction de la prairie et l'ensemencement à l'automne du blé d'hiver, il fallait presque toujours que la terre pût recevoir plusieurs façons pour détruire les plantes qui, dans les fonds surtout, disputent le terrain au sainfoin.

Il est vrai qu'à cette époque de l'assolement, l'existence prolongée du sainfoin et les débris de sa destruction laissent dans le champ une surabondance d'engrais végétal et de fertilité, qui fait regretter de ne pas en tirer parti de suite. Sur ce motif, mes métayers m'ont souvent demandé de semer au printemps de cette année de cassaille une céréale de mars : j'y ai ordinairement consenti, et jusqu'ici ni eux, ni moi, n'avons eu à nous louer d'avoir pris ce parti : la terre cultivée se trouvait mal préparée pour l'ensemencement d'automne, et le blé d'hiver, qui fait la partie essentielle des récoltes, souffrait d'une jouissance anticipée. Je sais que la pomme de terre serait fort appropriée à cette circonstance de culture, et que le sarclage à la main offrirait ici de précieux avantages ; mais je me suis trop étendu sur ce point pour y revenir encore et prouver une seconde fois son impossibilité dans nos domaines à métayers. Heureux seulement sont les cultiveteurs qui, dans de pareils cas, peuvent disposer des avances pécuniaires ou des bras que cette culture exige. Revenons à notre assolement : cette dixième année ne doit donc être consacrée à aucune récolte, mais uniquement aux façons que la terre exige et à l'ensemencement dans l'automne du blé d'hiver.

Onzième année, *blé d'hiver,* c'est-à-dire récolte du blé semé l'automne précédent.

Douzième et dernière année, *mars*, c'est-à-dire ensemencement et récolte d'une céréale de mars.

Après cette année recommence la culture de la première année de l'assolement qui, avec les deux années suivantes, présente une seconde rotation triennale, et les deux rotations réunies donnent six années pour la culture des céréales, espace qui est égal à la durée du sainfoin et qui permet sans inconvénient le retour de cette plante dans le même champ. Cependant, et quoiqu'il n'y ait que six années de récoltes de sainfoin, en examinant attentivement sa durée dans cet assolement de douze ans, on reconnaîtra que cette durée est d'environ six ans et sept mois, tandis que son absence du champ n'est que d'environ cinq ans et cinq mois. Cette réflexion m'a long-temps fait hésiter. Je craignais que l'intervalle entre deux sainfoins fût trop court, eu égard à la durée de l'existence de la plante. Je me suis déterminé d'après deux faits qui m'ont paru concluants et qui m'ont convaincu qu'après cet intervalle, le retour du sainfoin dans le même champ était, comme je viens de le dire, sans inconvénients.

L'inspection du tableau n°. 4, auquel j'ai déjà renvoyé, expliquera suffisamment les diverses combinaisons dont je viens de parler ; mais on voit par le même tableau que si dans un domaine on ne soumettait qu'un seul champ à cet assolement, on aurait pendant six ans du fourrage de sainfoin, et que pendant les six autres années on n'en aurait pas. Pour remédier à cet inconvénient, j'accouplai un second champ au premier et réglai la culture de tous les deux, de manière que quand l'un était en rapport de sainfoin, l'autre se trouvait en culture de céréales, et réciproquement. Le tableau n°. 5 explique cette combinaison, et l'on y voit en effet que pendant les douze années de l'assolement ou (ce qui est la même chose) à perpétuité, le domaine, s'il a choisi ses deux champs d'égale grandeur, aura toujours la même quantité de sainfoin à récolter. Cet avantage était précieux, mais il fallait encore remédier à de grands inconvénients. L'assolement de deux champs offre une continuité non interrompue, non seulement de sainfoin, mais encore de culture de céréales, c'est-à-dire tous les ans une des trois années de *cassaille, blé d'hiver* ou *céréales de mars.* Sur trois années il y en avait donc une où l'on récoltait du froment, et deux où l'on n'en récoltait pas. L'inégalité qui se trouvait dans les récoltes existait aussi dans les travaux; pour parer à ce résultat vicieux, j'imaginai la combinaison suivante (voir le tableau n°. 6) : au lieu d'un couple de champs, j'en pris trois. Soumis à l'assolement ci-dessus expliqué, chaque couple ne pouvait manquer de donner annuellement et sans interruption une récolte de sainfoin; mais il fallait dans chaque couple combiner la culture triennale des céréales, de manière que par exemple l'année de cassaille se présentât successivement dans les trois couples l'un après l'autre. Le tableau ci-joint montre qu'en dernier résultat la culture des six champs offre chaque année, et à perpétuité, un champ en cassaille, un en récolte de blé d'hiver, un en récolte de céréale de mars, et de plus trois champs en récolte de sainfoin : il y a donc tous les ans égalité dans les produits comme dans les travaux : tel est l'assolement de sainfoin que jusqu'à ce jour j'ai suivi, soit dans mes réserves particulières, soit dans les domaines. Il m'a toujours paru remplir le but d'amélioration qu'il est possible de se proposer dans une culture par métayers. J'ai été assez heureux pour voir mes laboureurs partager ma conviction à cet égard et recueillir comme moi des avantages importants de ce nouveau mode de culture. J'ajouterai cependant, pour les cultivateurs intelligents et soigneux, que l'assolement à trois couples de champs laisse encore plusieurs choses à désirer sous le point de vue du sainfoin. Ainsi l'on sait que cette plante, dans les premières années de son existence, donne des récoltes beaucoup plus faibles que dans les suivantes. Il doit donc arriver que pendant certaines années, il y aura avec la même contenance de terrain, des récoltes de fourrage beaucoup moindres que pendant d'autres. D'un autre côté, sur six années il y en aura trois où il faudra semer de la graine de sainfoin, et trois où l'on n'en sèmera pas, trois où l'on rompra des sainfoins, et trois où l'on n'en rompra pas. Comme je l'ai déjà remarqué plus haut, cette inégalité de travaux et de produits est un inconvénient. Le remède est facile, quoiqu'il complique les combinaisons de culture; c'est d'avoir six couples de champs au lieu de trois, c'est-à-dire douze champs, ou, en d'autres termes, autant de champs qu'il y a d'années dans l'assolement; de cette manière (ainsi qu'on le voit dans le tableau n°. 7, et mieux encore dans le tableau n°. 8 qui est le même sous une autre forme) chacune des douze années de l'assolement se trouve tous les ans représentée par un des douze champs, et tous les ans il y a dans le domaine la même quantité de travaux et de récoltes, tant pour le sainfoin que pour les céréales.

Ces diverses combinaisons d'assolement qui paraissent compliquées au premier coup-d'œil, sont cependant très faciles à saisir dans l'application, et il faut bien qu'il en soit ainsi puisque je les vois suivre par des métayers qui ne savent ni lire ni écrire.

La dernière combinaison dont je viens de parler et qui est la plus compliquée, est observée très régulièrement dans un de mes domaines, et le métayer n'a pas craint d'y consacrer la totalité de ses terres propres au sainfoin. Le surplus étant absorbé par un assolement de trèfle, il en résulte que tous les ans ce métayer a régulièrement, non compris ses prés naturels, environ cent quatre arpents de terrain en récolte de fourrages artificiels. Ce fait remarquable, je crois, dans notre système d'agriculture par métayers, demanderait peut-être un rapport particulier à raison des moyens préparatoires qu'il a exigés en bâtiments et en réduction dans le nombre des bêtes à laine remplacées par d'autres bestiaux. Mais pour entrer à cet égard dans quelques détails, je désirerais que cet assolement, établi sur de grandes dimensions, fût suivi depuis un plus grand nombre d'années. Ce que je puis affirmer pour le moment, c'est qu'il n'a été entrepris et mis à exécution qu'avec les seules ressources de notre culture par métayers, et que l'homme intelligent qui l'observe, loin de se laisser effrayer par une entreprise qui me parut d'abord devoir bouleverser toutes les habitudes agricoles d'un domaine, leva lui-même par de très sages réflexions toutes les difficultés que je trouvais à ce projet. Il est vrai que ce métayer, depuis plusieurs années déjà, suivait l'assolement à trois couples que j'ai détaillé en commençant, et que, plus que personne, il avait été à même d'apprécier les avantages du sainfoin sous le rapport des blés comme sous le rapport des bestiaux : sa conviction à cet égard, fruit d'une expérience de plusieurs années, me semble bien rassurante pour les propriétaires qui hésitent encore à cultiver les prairies artificielles.

Dans tout ce que je viens de dire, je n'ai point parlé de la luzerne ; les détails dans lesquels je suis entré ne sont que le narré de mes travaux, et je n'ai jamais cultivé la luzerne qu'en trop faible quantité pour pouvoir m'occuper de la soumettre à un assolement régulier. L'emploi de notre charrue ordinaire m'a toujours paru insuffisant pour sa destruction, et celui de la bèche me semble peu admissible dans nos domaines par les raisons que j'ai détaillées en parlant du sarclage. Cette plante d'ailleurs exige une qualité de terre qu'il est rare de trouver dans nos domaines en quantité suffisante pour en faire l'objet d'un assolement complet. Si cet heureux hasard se fût rencontré dans mes propriétés, il me semble que l'assolement que j'aurais adopté aurait beaucoup ressemblé à celui du sainfoin.

Je terminerai cet exposé des divers assolements que j'ai adoptés par des observations que je crois importantes. Quelques personnes s'étonneront sans doute de ce que me proposant d'établir dans mes domaines un mode de culture nouveau, je me sois éloigné autant que je l'ai fait des assolements savants que recommandent non pas seulement les ouvrages des agronomes les plus distingués, mais encore les succès aussi anciens que lucratifs des contrées où la culture est la plus soignée. Ils s'étonneront de ce que je conserve la jachère et repousse la culture des plantes sarclées ; j'en ai déjà donné les raisons ; mais il me semble important de connaître à cet égard les sages réflexions des plus zélés partisans des cultures nouvelles, de bien distinguer ce qu'ils distinguent eux-mêmes, et de prémunir contre des erreurs très graves des propriétaires qui par une fausse application d'un principe vrai, voudraient trouver dans une culture par métayers les améliorations et les bénéfices qui ne peuvent évidemment se rencontrer que dans une culture où celui qui laboure, propriétaire ou fermier, jouit seul de tous les produits de son travail.

Dans ce grand nombre d'auteurs nouveaux que je pourrais citer, je me bornerai, pour ne pas trop allonger ce rapport, à un seul qui non seulement a adopté en théorie tous les principes des cultures nouvelles, mais qui, pour les réduire en pratique exemplaire, s'est mis lui-même à la tête d'un établissement agricole qu'il a pris de ferme et qu'il administre par conséquent à ses risques, périls et fortune. Toute la science de la théorie, toute l'assiduité de la pratique, nous assurent que nous trouverons dans M. de Dombasle un guide éclairé, et tout ce que peut désirer la raison d'une part et l'intérêt des cultivateurs de l'autre. Voyons son opinion sur les points en question.

J'ai dit que dans nos domaines à métayers les labours

de notre année de jachère nettoieraient mieux la terre que le sarclage qui serait très mal fait.

M. de Dombasle, dans ses Annales agricoles de Roville, rend compte d'un fait qui se rattache à cette question : il dit que les terres de son exploitation étaient avant lui confiées *à un métayer*. Ce métayer, par son bail, était obligé à la culture des plantes sarclées ; il était de plus dirigé dans son travail par un propriétaire instruit et résidant sur les lieux.

Cependant qu'est-il arrivé ?

« Les instructions, dit M. de Dombasle, page 105,
» étaient suivies, mais mal suivies, les travaux exé-
» cutés avec négligence. C'est ainsi que j'ai trouvé à
» mon entrée une pièce de terre de cinq hectares dans
» laquelle on venait d'arracher des pommes de terre,
» et qui eût dû par conséquent être bien nettoyée, tout
» aussi infestée de chiendent et de mauvaises herbes
» de toute espèce, que si on y eût pris une demi-dou-
» zaine de récoltes de céréales les unes à la suite des
» autres. *Il en était à peu près de même partout* ; les ré-
» coltes sarclées qui auraient dû remplacer la jachère
» étaient habituellement mal cultivées et laissaient le
» sol dans le plus mauvais état de culture. »

Dans cette histoire du métayer de Roville, ne reconnaissez-vous pas, Messieurs, l'histoire de tous les métayers possibles et des nôtres en particulier.

M. de Dombasle, relativement aux avantages que la jachère présente pour le nettoiement de la terre, va bien plus loin que je n'aurais osé aller ; il paraît même que dans certains cas il donne la préférence à la jachère sur le sarclage. Voici ce qu'il dit, p. 209 :

« En attendant que j'adopte définitivement un asso-
» lement pour les terres fortes du haut de mon exploi-
» tation, je travaille avec activité à les nettoyer le
» mieux possible ; car, dès qu'une terre est propre on
» la fait entrer promptement et facilement dans l'asso-
» lement qu'on a choisi. Une partie de ces terres a été
» en jachère l'année dernière, et j'y mettrai encore
» l'an prochain celles qui me paraissent *en avoir besoin.*
» En effet, quoique j'aie la certitude qu'on peut *main-*
» *tenir* pendant fort long-temps dans un bon état de
» culture les terres *déjà bien nettoyées* (et il souligne
» ces mots) sans avoir recours à la jachère, il est cer-
» tain que, dans beaucoup de cas, lorsqu'une terre
» forte et tenace est empoisonnée de mauvaises herbes,
» jusqu'à un certain point, le procédé le plus prompt
» et le plus économique pour la nettoyer est une ja-
» chère complette. »

J'ai dit que nos métayers étaient sans avances, et que ce défaut d'avances était un obstacle insurmontable à l'introduction des nouvelles cultures.

M. de Dombasle a fait un établissement agricole qui a pour unique but de montrer l'utilité de ces cultures nouvelles. Par quel point a-t-il commencé et par quel point en effet devait-il commencer sous peine de voir son établissement s'écrouler en peu d'années ? par ces mêmes avances qui manquent à nos métayers. Il s'est procuré un capital de 45,000 fr.

Voici ce qu'il a dit à cet égard, p. 11 des Annales : « Il est vrai de dire qu'avec le système d'assolement » triennal, il est *à la rigueur* possible de commencer » une entreprise de ce genre (une exploitation agri- » cole) sans posséder un seul écu. Mais lorsqu'il est » question d'adopter un système de culture alterne..., » l'emploi d'un capital et même d'un capital assez » considérable, est une condition *d'une nécessité ri-* » *goureuse.* »

M. de Dombasle cherche à déterminer la proportion qui doit exister entre les avances nécessaires au fermier et la valeur de l'exploitation qu'il fait valoir ; et dans ses divers calculs, il fait monter ces avances à peu près à huit fois le prix annuel de la ferme.

Avons-nous un seul métayer qui possède de telles avances ? Bien certainement celui qui les posséderait s'empresserait de quitter son domaine et d'acheter quelque bien qu'il exploiterait à son propre compte.

J'ai dit que difficilement nous trouverions le débit des plantes qui seraient le produit de la culture sarclée. Cet inconvénient grave paraît exister ailleurs que dans notre province, et M. de Dombasle, ainsi que bien d'autres cultivateurs éclairés, a très sagement ajouté, comme condition inséparable des cultures sarclées, l'établissement d'une distillerie de pommes de terre ; il évalue à dix mille francs les frais du mobilier de cette distillerie. Il est inutile de dire que nos métayers sont hors d'état de faire de pareils établissements ; mais j'affirmerai qu'il n'y a pas un seul propriétaire parmi nous qui voulût en faire les avances dans ses domaines à métayers, quand même il le pourrait sans se gêner.

Enfin, j'ai dit que les cultures nouvelles exigeraient de vastes locaux que nous n'avons pas dans nos exploitations actuelles. Je n'ai pas dit à cet égard tout ce qu'il fallait dire : M. de Dombasle va y suppléer pour moi :

« En général (dit-il, page 108) les propriétaires » qui désireraient voir cultiver leurs fermes d'une ma- » nière plus parfaite ne savent pas assez que de vastes » bâtiments sont *absolument indispensables* dans une » exploitation rurale conduite avec activité. Si un fer- » mier apporte des améliorations à son système de cul- » ture, la masse de ses récoltes se double, se triple » peut-être ; il lui faut un beaucoup plus grand nombre » de bestiaux, une plus grande variété d'instruments » d'agriculture plus précieux que ceux dont on fait » communément usage ; il faut bien qu'il puisse loger » commodément tout cela ; non seulement ses produits » sont plus abondants, mais ils sont aussi beaucoup » plus variés, ce qui exige d'autant plus de place pour » les séparer comme cela est convenable. *Celui qui » croirait qu'un fermier peut adopter les perfectionnements » les plus importants de l'agriculture avec des bâtiments » d'exploitation comme on les rencontre sur presque toute » la surface du royaume, se tromperait étrangement.* »

S'il en est ainsi pour les récoltes qui appartiennent en totalité à un fermier, que sera-ce donc pour celles qu'il faut partager entre le propriétaire et le métayer ?

Bornons ici les citations et concluons :

Les agronomes savants qui nous ont recommandé les cultures sarclées et la suppression entière de la jachère, ont posé des principes vrais sans doute, et l'expérience de la pratique confirme et avait même depuis long-temps devancé dans de riches contrées les observations et les calculs de la théorie. Mais ces mêmes agronomes reconnaissent aussi que les heureux succès des cultures nouvelles sont rigoureusement subordonnés à des conditions qui peuvent ne pas encore exister partout. Avant de nous livrer à des entreprises hasardées, la sagesse nous fait donc un devoir d'examiner attentivement si ces conditions existent parmi nous. Si les capitaux, si les bâtiments consacrés à notre culture, si le mode lui-même de cette culture par métayers ne remplissent pas ces conditions rigoureusement nécessaires, nous perdrons en vains efforts et beaucoup de peine et beaucoup de temps. Nous devons tendre à la perfection sans doute, mais la perfection est le but qu'il ne faut pas confondre avec les moyens : c'est le terme du voyage, et nous ne sommes encore que sur la route qui y conduit. Si, comme j'en suis fortement convaincu, la culture par métayers est un obstacle insurmontable à la culture des plantes sarclées et à la suppression de la jachère, préparons par des améliorations réelles les heureux changements qui, j'en suis également convaincu, arriveront tôt ou tard dans notre mode de culture. Les prairies artificielles qui améliorent le sol, qui augmentent les produits de nos bestiaux, la masse de nos engrais et la quantité de nos récoltes en grains me paraissent présenter cette espèce de culture intermédiaire entre l'état misérable de l'assolement triennal simple et les richesses des cultures nouvelles : en augmentant nos divers produits, elles donneront plus d'aisance au propriétaire et au métayer. Le propriétaire devenu successivement plus riche, pourra plus tard donner à sa propriété les bâtiments qui y manquent partout. Le métayer pourra, en garnissant lui-même les domaines de bestiaux et d'effets aratoires, présenter des garanties qui le feront accepter pour fermier : alors, cultivant pour son propre compte, l'intérêt personnel lui montrera bientôt sur les cultures sarclées la vérité que ce même intérêt dévoile journellement à nos métayers sur les prairies artificielles ; alors on pourra lui parler de la suppression de la jachère, de la perfection de la culture et de tous ces procédés nouveaux qui ne seraient aujourd'hui pour lui que des vérités intempestives inutiles, et même dangereuses. Cette heureuse époque est-elle encore éloignée ? je l'ignore ; dans ma conviction nous y tendons tous les jours ; mais dans ma conviction aussi, nous retarderions les progrès de notre culture si, devançant la marche du temps et négligeant le bien que nous pouvons faire, nous nous attachions à un mieux tout-à-fait impossible à l'époque où nous vivons. Notre société a déjà fait beaucoup en répandant parmi les cultivateurs du département le goût des prairies artificielles. Consolidez votre ouvrage, Messieurs, en liant fortement cette précieuse innovation au mode de culture par métayers, mode fâcheux sans doute, mais que tous vos efforts ne changeraient pas aujourd'hui.

Je ne m'étendrai pas davantage sur les assolements, je passe à un objet non moins important.

En préparant dans mes propriétés l'établissement de la culture des prairies artificielles, je dus penser que le choix d'un bon assolement n'était pas la seule difficulté à vaincre, qu'il me restait encore d'une part à faire adopter cet assolement par des métayers prévenus contre toute espèce de nouveautés, et de l'autre, à assurer dans les domaines l'existence et la perpétuité des prairies qui seraient établies.

Quant au premier point, j'ai employé beaucoup de moyens, je n'en ai trouvé que deux d'efficaces : le premier est l'exemple que j'ai donné dans mes réserves particulières. Aujourd'hui que la culture des prairies artificielles a pris de l'extension, cet exemple se retrouve heureusement partout, et les propriétaires qui n'ont point de réserves sont à même de prendre chez leurs voisins les faits qu'ils peuvent avoir besoin de citer à leurs colons.

Le second moyen m'a paru plus important encore, et comme je lui ai trouvé le double avantage de déterminer l'assentiment des laboureurs, et d'assurer dans les domaines la perpétuité des prairies artificielles, j'entrerai à cet égard dans quelques détails. Je veux parler de conditions de bail à faire avec les métayers.

La destruction des trèfles et des sainfoins donne la

certitude de très-belles récoltes de blé. Il est donc dans l'intérêt d'un métayer sortant de détruire ces prairies avant la fin de sa jouissance ; et quand il n'en a pas reçu à son entrée, il est difficile d'exiger qu'il en laisse à sa sortie. Ainsi, à chaque changement de métayer, la destruction des prairies artificielles serait inévitable ; on perdrait tout le fruit des travaux passés, l'espérance des récoltes futures, et continuellement il faudrait recommencer sur de nouveaux frais.

Avant de rien entreprendre dans les domaines, il fallait donc nécessairement remédier à d'aussi graves inconvénients ; que c'est pour prévenir le mal que j'arrêtai d'avance avec mes métayers les conditions de bail que je soumets présentement à votre examen.

Dans les baux à ferme, le fermier cultive la terre à son profit, et représente au propriétaire le produit de son domaine par une somme en argent ou une quantité fixe de denrées en nature ; ce genre de bail rend le propriétaire à peu près indifférent au mode de culture suivi pendant le cours de la jouissance du fermier, et l'intérêt du propriétaire ne se trouve en jeu qu'à l'époque de la cessation de cette jouissance. Alors il est essentiel pour lui que les terres n'aient point été surchargées et épuisées ; que le fermier rende le domaine et ses dépendances dans le même état où il les a reçus ; et les prairies artificielles étant soumises à cette règle générale, le propriétaire ne peut exiger qu'on lui remette, en quantités et en espèces, que ce qu'il a lui-même remis au fermier à l'époque de son entrée.

Dans la culture par métayers, au contraire, que le domaine soit au tiers ou à moitié, le propriétaire et le métayer partagent annuellement dans une proportion convenue les produits de la terre, les profits de bestiaux et les charges de la culture.

Le propriétaire fournit la terre, les bestiaux du cheptel, les effets aratoires, quelquefois une portion de la semence, presque toujours de grosses avances en argent pour les besoins divers du métayer. Celui-ci, de son côté, fournit son temps, son industrie et toujours totalité ou partie de la semence.

Il est à remarquer que dans cette association agricole, où les pertes et les bénéfices sont en communauté, la contribution aux charges de la culture n'est pas pour le propriétaire, dans les produits spontanés du sol, la même que dans les produits industriels.

Dans les produits spontanés tels que l'herbe des prés, des champs ou des pacages, etc., le propriétaire ne fournit que le fonds et prend moitié entière dans les bénéfices des bestiaux auxquels ces produits ont donné lieu.

Dans les produits industriels, au contraire, tels que ceux des céréales, le propriétaire non seulement fournit le fonds, mais encore, s'il prend moitié des récoltes, il fournit moitié de la semence et des frais de moisson; ou, s'il ne la fournit pas, comme dans les domaines au tiers, il en dédommage le métayer en lui laissant les deux tiers des récoltes. Telles sont les bases de nos baux à métayers, et il en résulte évidemment que le propriétaire ne prend sa moitié entière que dans les bénéfices provenant des produits spontanés du sol.

Maintenant, il est hors de doute que les prairies artificielles sont un produit industriel et non pas un produit spontané de la terre ; leur nom seul indique ici leur nature. Il m'a donc paru injuste de les associer pour les conditions de bail aux prairies naturelles, ou, en d'autres termes, il m'a paru conforme aux principes qui régissent les conditions ordinaires de nos baux, de faire entrer le propriétaire et le métayer chacun pour moitié dans les frais d'achat de la graine, du plâtre, de l'épierrage et des fossés, laissant au métayer seul tous les travaux qui concernent les charrues ou voitures de l'exploitation, et au métayer comme au propriétaire, chacun pour moitié, la propriété de ce nouveau produit de nos domaines.

Ce principe, qui me parut juste en lui-même, m'offrit dans ses conséquences, non seulement le moyen de faire goûter aux métayers une culture dans les frais desquels ils n'entraient que pour une portion, mais encore de les intéresser à la conservation des prairies artificielles, et par suite d'assurer la perpétuité dans les domaines.

En effet, si le propriétaire a concouru pour moitié à la création d'un produit nouveau, la moitié de ce produit lui appartient incontestablement, et le métayer n'a aucun droit de détruire cette portion du produit. Quant à l'autre moitié qui est la propriété du laboureur, si on lui en paie la valeur à l'époque de sa sortie, non seulement son droit est complétement mis à couvert, mais encore il a un intérêt majeur à ce que cette valeur, qui ne peut être appréciée que par une estimation, soit conservée et même augmentée autant que possible; cet intérêt le portera donc, lors de sa sortie, à soigner ses prairies artificielles comme il soigne ses bestiaux, ses effets morts et tous les objets qu'il doit rendre par estimation, et comme la moitié à lui appartenant dans les trèfles ou sainfoins est inséparable de celle du maître, et que le prix seul en est divisible dans l'estimation, il me parut certain qu'il conserverait la part du maître comme la sienne, c'est-à-dire qu'avec de pareilles conditions de bail, les prairies artificielles se transmettraient de métayers à métayers, aussi bien conservées qu'elles le sont pendant le cours de la jouissance de chacun d'eux. Ce que j'avais présumé à cet égard en rédigeant les conditions de bail, s'est pleinement réalisé depuis, et à la sortie de quelques métayers, j'ai eu la satisfaction de voir de très belles prairies artificielles, fruit des travaux du métayer sortant, devenir la précieuse ressource du métayer entrant, le tout d'après un prix d'estimation débattu entre leurs experts, comme le prix des autres objets estimables à l'époque des changements de métayers.

Ces explications préliminaires suffiront, je crois, pour faire connaître les motifs et les bases des conditions de bail dont je vais vous donner lecture.

Article premier.

Le preneur consacre à la culture du... (trèfle *ou* sainfoin) *la quantité de... boisselées de terre.*

(Pour le trèfle). *Laquelle quantité sera partagée en six soles ou tournures, et chacune desdites tournures sera successivement soumise à l'assolement suivant :*

Première année. (Suit le détail de l'assolement donné ci-dessus.)

(Pour le sainfoin.) *Laquelle quantité sera partagée en* (*un, deux, trois ou plus*) *couples de champs, et les champs de chacun de ces couples seront successivement soumis à l'assolement suivant :*

Première année. (Suit le détail de l'assolement donné ci-dessus.)

Art. II.

(Trèfle et sainfoin.) *Les frais d'achat de la graine seront partagés par moitié entre le bailleur et le preneur.*

Art. III.

(Trèfle et sainfoin.) *Le preneur sera tenu de plâtrer ses prairies artificielles aux époques convenables.*

Je suis convenu à cet égard que les trèfles le seraient au printemps pendant lequel se fait la première récolte. J'ai maintenu cette convention. Quant aux sainfoins qui durent six ans, je ne les avais jusqu'à ce jour fait plâtrer qu'au printemps de la quatrième récolte.

L'effet du plâtre durant environ trois ans, je voulais que les trois dernières récoltes se trouvassent améliorées par le plâtre, comme les trois premières par le fumier donné à la terre à l'époque du froment qui a précédé l'ensemencement en sainfoin. De cette manière, on ne plâtrait le sainfoin qu'une seule fois pendant tout le temps de son existence. Mais j'ai reconnu qu'il y avait perte réelle, et qu'il était plus avantageux de plâtrer avant la deuxième récolte, sauf à recommencer avant la destruction du sainfoin.

Art. IV.

(Trèfle et sainfoin.) *Les frais de plâtrage, quant à l'acquisition, la cuisson et la pulvérisation, seront partagés par moitié entre le bailleur et le preneur. Tous autres frais de plâtrage seront à la charge du preneur seul.*

Art. V.

(Trèfle et sainfoin.) *Le preneur sera tenu de réserver tous les ans dans ses* (trèfles et sainfoin) *un canton de terre suffisant pour y récolter toute la graine nécessaire pour les besoins du présent assolement. Les frais de battage et nettoyage de la graine seront partagés par moitié entre le preneur et le bailleur. Ce que le canton réservé produira en graine au-delà des besoins du domaine sera également partagé par moitié entre eux; ce qu'il produira de moins sera acheté à frais communs.*

Cette disposition est commune aux sainfoins, en observant toutefois que quand on n'adopte pas l'assolement complet de six couples ou douze soles, assolement dans lequel on sème tous les ans du sainfoin, il suffit d'énoncer que le preneur réservera un canton pour graine *aux époques convenables*, et ces époques sont les années qui précèdent celles où l'on doit semer le sainfoin.

Pour l'exécution du présent article, je suis convenu depuis que je tiendrais compte aux métayers pour ces frais de battage et nettoyage, savoir : pour le sainfoin, de dix centimes par double décalitre ; et pour le trèfle, de quinze centimes par kilog.

Art. VI.

(Trèfle et sainfoin.) *Le preneur à sa sortie sera tenu de laisser en fourrages artificiels bons à faucher, la quantité voulue par l'assolement ci-dessus convenu. La première herbe en sera estimée à la fin de mai, ou plus tôt si le sortant le désire, et moitié de l'estimation lui sera payée par le bailleur.*

Art. VII.

(Trèfle et sainfoin.) *Le preneur à sa sortie sera tenu de plâtrer les prairies artificielles qui, suivant le cours de l'assolement, devront l'être cette année-là.*

Cette disposition m'a paru ne rien renfermer d'injuste envers le sortant, parce que le plâtrage augmente la valeur du fourrage dont il lui est tenu compte par l'estimation.

On voit par cette disposition qu'il est essentiel de

fixer des époques pour le plâtrage pendant la durée de la prairie artificielle. Celle que j'avais déterminée pour les sainfoins ne m'ayant pas paru convenable, il me semble qu'il faudrait choisir le printemps de la deuxième année de récolte et celui de la cinquième année. Mais je n'affirme rien relativement au succès de ce second plâtrage sur la même prairie, n'en ayant pas encore fait l'expérience.

Art. VIII.

(Trèfle et sainfoin.) *Le preneur s'engage à n'envoyer dans aucun temps les bestiaux gras et menus dans les terres semées en* (trèfle et sainfoin)*; et dans le cas où il le ferait, il devrait, pour la première et la seconde fois, tous dépens, dommages et intérêts ; pour la troisième fois, le bailleur aura le droit de faire résilier le bail ; et dans tous les cas, le preneur sera responsable de tout accident qui pourrait en résulter pour la santé des bestiaux.*

Le métayer en fesant pacager les prairies artificielles, les détruit ; il y a donc lieu premièrement à dépens, dommages et intérêts ; mais en outre il annule autant qu'il est en lui la convention relative à l'établissement et à la conservation des prairies artificielles ; et comme le bail n'a été fait que dans cette vue, il est conforme à la justice et aux dispositions de l'art. 1766 du Code civil, que le propriétaire puisse faire résilier un bail dont les conditions ne sont plus exécutées. Si cette clause n'existait pas, un métayer insolvable, comme il y en a beaucoup, s'inquiéterait fort peu des frais de justice qu'on pourrait lui faire, et annulerait, dans une jouissance de trois ans, les travaux et les avances que nécessite l'établissement en grand des prairies artificielles dans un domaine.

Art. IX.

(Trèfle et sainfoin.) *Le preneur sera tenu, au printemps de sa sortie, de souffrir que son successeur ensemence en trèfle et sainfoin dans ses menus blés, la quantité voulue par l'assolement ci-dessus expliqué. Pour lequel ensemencement ledit successeur fournira seulement la semence et sa peine de la semer dans les champs, le reste des opérations, labour, hersage, etc., restant à la charge du laboureur sortant.*

Art. X.

(Trèfle et sainfoin.) *A la sortie du preneur, le bailleur se réserve le droit de retenir pour son prix, et à dire d'experts, la part de graine qui se trouverait appartenir audit sortant.*

Art. XI.

(Trèfle et sainfoin.) *Les fossés jugés nécessaires seront faits à frais communs; le bailleur en fera l'avance, si le preneur le désire. L'entretien s'en fera également à frais communs. A la sortie du preneur, les fossés seront estimés dans l'état où ils se trouveront, et moitié de ladite estimation sera due audit preneur alors sortant.*

Art. XII.

Les présentes conventions ne changent rien aux autres conditions de la jouissance du preneur qui n'y sont pas contraires.

Telles sont, Messieurs, les conditions de bail que j'ai cru devoir adopter; elles m'ont paru conformes, d'une part, à la justice, sans laquelle il n'y a rien de solide, et de l'autre, à l'intérêt personnel du métayer, sans lequel on ne peut dans nos domaines rien établir et rien conserver. Vous remarquerez même que j'ai quelquefois fait pencher la balance du côté de ce dernier comme dans la clause relative à l'entretien des fossés que nos baux mettent toujours à la charge du métayer. Mais j'ai pensé que les fossés seraient mal entretenus si le métayer en était seul chargé; qu'il y avait peu d'inconvéniens à augmenter les moyens d'encouragements pour des hommes si peu portés aux améliorations, et que le propriétaire trouverait dans l'existence des prairies artificielles d'amples dédommagements aux légers sacrifices qu'il ferait pour leur établissement et leur conservation.

Ces dédommagements précieux, je les recueille en ce moment. J'ai le plaisir de voir des domaines qui autrefois ne récoltaient que vingt ou vingt-cinq charrois de fourrage, en récolter actuellement quelquefois plus de cent, rarement moins de soixante. Je puis affirmer que la récolte des blés, loin d'avoir diminué dans les domaines par suite de cette innovation, y a augmenté dans une forte proportion. Si je suis parvenu à vaincre la répugnance des métayers , si dans cette culture nouvelle j'ai obtenu des succès réels, je crois les devoir essentiellement aux clauses de bail que j'ai adoptées, et aux ménagements dont j'ai usé envers les métayers, leurs habitudes et leurs préjugés dans le choix des divers modes de culture que je vous ai détaillés.

Le choix de bons assolements et de clauses de bail sagement combinées me paraissent d'une haute importance pour notre agriculture dans un moment où une nouvelle source de richesses s'ouvre pour elle ; c'est ce qui m'a déterminé, Messieurs, à vous rendre compte de mes diverses opérations agricoles. Il est à désirer que les propriétaires qui se livrent à de semblables soins vous instruisent également du résultat de leurs travaux. Ce n'est, comme j'ai eu l'honneur de vous le dire en commençant, que par des essais multipliés et la comparaison de plusieurs méthodes que nous pourrons trouver des modes de culture parfaitement appropriés à toutes nos localités. Je connais des espèces de terres où la deuxième année de récolte est nulle pour le trèfle; un assolement tel que celui que j'observe serait donc défectueux pour de pareilles terres. Dans l'assolement que je suis pour le sainfoin, l'intervalle entre la destruction de la plante et son retour dans le même champ est plus court que la durée du sainfoin. Je crois qu'un assolement qui ne présenterait pas cet inconvénient serait plus parfait ; ces diverses observations suffisent pour prouver l'utilité de nouvelles combinaisons, tant pour les assolements que pour les clauses de bail.

Si elles vous étaient soumises, vous pourriez, Messieurs, les comparer, les modifier, les améliorer; et à quel plus utile travail pourriez-vous consacrer les lumières que renferme une société composée de tant de propriétaires instruits, de tant de magistrats distingués? Dans cet entraînement général qui porte en ce moment les cultivateurs vers les prairies artificielles, beaucoup de propriétaires hésitent encore, moins par défaut de conviction sur les avantages de cette espèce de culture que par incertitude sur les moyens d'exécution. De toutes parts on vous demande à cet égard des instructions qui puissent servir de guides. En remplissant ce vœu de nos concitoyens, vous ajouterez aux services que vous leur avez déjà rendus et aux droits que vous avez acquis à leur reconnaissance.

Je terminerais ici ce rapport, Messieurs, si je ne croyais devoir appeler votre attention sur une question importante et souvent embarrassante pour les propriétaires qui veulent adopter la culture régulière des prairies artificielles. Dans quelle proportion, se disent-ils, convient-il de les admettre dans les domaines? On a souvent cherché à établir cette proportion d'après la quantité de céréales cultivées. A mon avis, il serait mieux de la chercher par le nombre de bestiaux que le domaine comporte; je crois que la quantité de fourrages naturels et artificiels doit être telle dans un domaine, qu'elle puisse suffire à la consommation annuelle des bestiaux, abstraction faite des pailles que je regarde dans une bonne culture comme destinées en totalité à améliorer par l'augmentation des fumiers le domaine qui les a produites. Je retranche de cette destination la faible quantité de pailles que peut exiger la santé des bestiaux et le besoin de varier leur nourriture ; mais à ce retranchement près, je crois que toutes les pailles d'une exploitation doivent retourner sous la forme de fumiers aux terres qui les ont données. Dans nos usages agricoles, on prélève sur les pailles, non seulement la nourriture d'un grand nombre de bestiaux, mais encore une très grande quantité de gluis que le métayer (surtout dans les domaines à seigle), vend pour les couvertures en paille. Il en résulte que les fumiers se réduisent à très peu de chose, et que les terres, toujours épuisées, rendent en proportion des engrais qu'elles reçoivent. Le bénéfice pris sur les pailles vendues se trouve bientôt compensé par la nullité des récoltes, et, comme les frais de culture restent les mêmes, le métayer paie chèrement les calculs d'une aveugle avidité qui veut toujours anticiper sur les jouissances. La nature me paraît avoir destiné dans les produits de nos domaines, à l'homme les grains, aux bestiaux les foins naturels ou artificiels, et aux terres les pailles. Dans ce partage, elle a voulu que les intérêts de la terre fussent, comme ceux des bestiaux, inséparables des intérêts du cultivateur. Quand l'homme dérange cet ordre naturel, il se nuit à lui-même ; il s'appauvrit bientôt en épuisant sa terre, et c'est aux calculs agricoles, peut-être mieux qu'à tous autres, qu'il convient d'appliquer l'utile leçon de la poule aux œufs d'or. J'avoue que si je cultivais les plantes sarclées, je regarderais comme une faute grave de vendre et de ne pas faire consommer dans l'exploitation les produits de cette culture. Aussi voyons-nous les sages agronomes qui l'ont adoptée, nourrir leurs bestiaux avec les pommes de terre qu'ils récoltent, ou, ce qui est la même chose, avec les déchets des distilleries qu'ils ont établies dans leurs fermes.

Je pose donc en principe que dans nos domaines à métayers, toutes les pailles doivent être converties en fumiers. Ce principe posé, il sera facile à chacun de trouver combien il lui faut dans un domaine de fourrage, et par suite combien de terres il doit consacrer aux prairies artificielles.

Supposons un domaine cultivé par une seule voiture de trois chevaux; supposons encore dans ce domaine trois vaches et cent vingt bêtes à laine en moutons ou brebis, ou leur équivalent en agneaux et jeunes bêtes. Dans nos domaines, où l'on donne très peu d'avoine, où le foin n'est jamais bottelé, et où en général il est dépensé sans beaucoup d'économie, chaque cheval de labourage consommera annuellement environ quatorze milliers de fourrage, ce qui donne pour trois chevaux, quarante-deux milliers, ci . . . . 42,000.

La consommation annuelle d'une vache à l'étable sera d'environ onze milliers; trois vaches consommeront donc trente-trois milliers, ci . . . . 33,000.

Report. . . . . . . 75,000.

Je suppose la consommation annuelle des bêtes à laine à raison de deux cents liv. par tête, non compris la nourriture du parcours. Pour cent vingt bêtes il faudra vingt-quatre milliers, ci. . . . . 24,000.

Le total des besoins du domaine en fourrage sera donc de quatre-vingt-dix-neuf milliers, ci. . . . . 99,000.

Maintenant, je suppose que ce domaine possédait autrefois quinze charrois de foin naturel ou environ vingt-cinq milliers, ci. 25,000.

Restera donc à trouver en fourrages artificiels . . . . 74,000.

J'admets que chaque arpent de prairies artificielles ne donnera pas moins de trois milliers de fourrage (six milliers par hectare); pour obtenir les soixante-quatorze milliers, il faudra donc de vingt-quatre à vingt-cinq arpents environ (douze hectares), ou à peu près 170 boisselées, mesure de Bourges, quantité qu'il vaudrait mieux augmenter que diminuer.

Ainsi, dans une exploitation de la nature de celle de nos domaines actuels, en y supposant une charrue et les bestiaux dont j'ai parlé, en y supposant encore quinze charrois de foin naturel et de six à huit cents boisselées de terres (de quarante-cinq à soixante hectares), étendue qu'une charrue peut faire valoir; en admettant que, privé de pacages ou du voisinage de communaux, le domaine soit obligé de subsister entièrement sur ses propres ressources, je crois que pour pouvoir abandonner toutes les pailles à leur destination naturelle, celle du fumier, il faut environ cent quatre-vingts boisselées de terres annuellement en rapport de fourrage artificiel. Cette proportion m'a toujours paru convenable, et, autant que je l'ai pu, je m'en suis rapproché dans mes domaines. En la suivant, je crois qu'on atteindra le double but qu'on doit se proposer dans toute la bonne culture, qui est, d'une part d'assurer la nourriture de tous les bestiaux, et de l'autre de ne point semer de terres en blé d'hiver sans les avoir convenablement fumées.

Une vérité que l'expérience confirme, c'est que plus la culture des prairies artificielles prendra d'extension dans nos domaines, plus aussi nous y verrons diminuer, non pas le produit, mais la quantité des bêtes à laine. Je dis la quantité, car on ne peut méconnaître que les bêtes à laine ne peuvent pas, comme les bêtes aumailles, prospérer avec le système de stabulation continuelle, qu'elles exigent pour le parcours une étendue de terrain que leur donnait notre genre de culture pastorale, et que restreint tous les jours la multiplication des prairies artificielles. Cet avantage du parcours, sous le point de vue des bêtes à laine, est tel que si dans nos domaines la nourriture donnée à l'étable pendant l'hiver était proportionnellement aussi abondante, les produits de nos bêtes à laine seraient immenses, comme on peut s'en convaincre par quelques bergeries bien approvisionnées de fourrages. Les pertes ruineuses qui désolent nos domaines proviennent essentiellement de cette différence de ressources entre la nourriture de l'étable et celle des champs. Les prairies artificielles rétablissent l'équilibre ; mais en augmentant les ressources de l'hiver, elles diminuent celles de l'été ; avec elles on aura donc un moindre parcours, et, par conséquent, moins de bêtes à laine en été ; mais avec elles aussi, on nourrira mieux en hiver, et les produits de cette saison, qui sont les plus importants, seront et mieux assurés et plus considérables ; ainsi, comme je le disais, les prairies artificielles diminueront non pas le produit, mais la quantité de nos bêtes à laine.

Mais cette diminution dans le nombre des bêtes à laine n'est pas la seule conséquence de l'introduction des prairies artificielles dans notre culture, et il est essentiel que les propriétaires connaissent d'avance tous les résultats de cette innovation. Le premier est la suppression d'une multitude de locatures.

En effet, on conçoit que si les métayers sont obligés de restreindre le nombre de leurs bêtes à laine, ils commenceront avant tout par exclure de leurs terres les bêtes à laine étrangères à leurs domaines ; la justice le veut ainsi et la force des choses amènera ce résultat inévitable. Or, je le demande, comment un locataire qui ne cultive que de vingt à quarante boisselées de terre, dont les deux tiers sont tous les ans ensemencés en blé, pourra-t-il nourrir son troupeau de brebis, qui est ordinairement de vingt à quarante mères, non compris leurs suites. Si ce locataire est obligé de renoncer aux brebis, comment fumera-t-il ses blés, et alors comment, sans bestiaux et sans blés, paiera-t-il son fermage ? Il est évident que sa locature doit tomber, et il faut convenir que ce résultat ne blesse aucun droit légitime; car toute locature vit sur des ressources étrangères aux héritages qui la composent, et les prairies artificielles qui réservent à leur cultivateur seul le produit de la terre, détruisent les injustices criantes du libre parcours, et rendent à chacun ce qui lui appartient.

Si les locataires comprenaient bien ce qu'il leur en coûte en semence, en frais de labours qu'il faut payer à un métayer, en frais de moisson et de battage; s'ils examinaient combien leurs terres sont mal labourées, et combien peu elles produisent ordinairement, ils comprendraient aussi que, dans les pays où il n'y a pas de locataires, les manœuvres qui sont ou pionniers ou bûcherons, ou simples journaliers, vivent plus à leur aise, quoiqu'ils n'aient point de bestiaux, et qu'ils achètent le blé de leur consommation. Ils comprendraient surtout que les prairies artificielles qui exigent des semis, des fauchages, fanages et battages de graines, augmentent dans une contrée la masse des travaux de main-d'œuvre, et qu'ainsi la même cause qui les réduit au simple état de journalier leur prépare aussi un travail et par conséquent des ressources qui n'existeraient pas sans elles.

Une autre conséquence immédiate de la culture des

prairies artificielles, c'est la diminution de la valeur des prairies naturelles. Combien de domaines qui achetaient jadis des foins naturels, et qui déjà aujourd'hui n'en achètent plus. Combien de propriétaires qui faisaient consommer des fourrages, dont aujourd'hui ils n'ont plus besoin.

Augmentation dans la production, diminution dans le débit, telle est la double cause qui fait baisser le prix de toute denrée, et qui aujourd'hui agit si fortement sur la valeur des foins naturels. Beaucoup de propriétaires s'en plaignent, et il est fâcheux que la prospérité publique entraîne quelques sacrifices pour les particuliers. Cependant il est probable que tous les propriétaires de prairies naturelles ne possèdent pas uniquement des propriétés de cette espèce, et alors les terres dont ils jouissent dans leurs domaines les mettent à même de participer au bienfait de la culture nouvelle, et de trouver dans la cause même de leurs plaintes une compensation aux pertes qu'elle leur occasionne.

Quoi qu'il en soit, et dans la vérité, ce n'est point sous le point de vue d'un intérêt personnel et isolé qu'il faut considérer l'importante question des prairies artificielles; augmentent-elles la masse générale des produits? Voilà certainement la seule chose à examiner dans l'intérêt d'un pays. Si par le seul fait de leur existence, elles assurent et augmentent dans nos domaines le produit des bestiaux qui autrefois y étaient livrés à des besoins, source de pertes ruineuses; si les terres mieux labourées et plus abondamment engraissées, nous offrent aussi de plus riches récoltes, comment la multiplication de ces prairies pourrait-elle être considérée comme un malheur, et ces précieux avantages, que l'on commence à signaler parmi nous, ne les justifient-ils pas de tout reproche ?

A ces graves considérations, permettez-moi d'en ajouter une qui ne sera peut-être pas sans quelqu'importance à vos yeux. Les fourrages sont, dans un état, non seulement une des bases les plus solides de l'agriculture, mais encore une des sources les plus précieuses du bien-être de la population. Considérez tous les pays où ils abondent, vous verrez qu'une plus grande quantité de bestiaux engraissés et mieux engraissés, qu'une plus grande quantité de laitage livré sous diverses formes à la consommation publique, mettent le prix de ces denrées à la portée de la classe pauvre, et améliorent son sort. Cet état de choses existe-t-il parmi nous, et pourrait-on considérer comme une calamité une innovation agricole qui, après avoir enrichi les propriétaires et les métayers, tendrait à faire cesser les dures privations sous l'empire desquelles vit une classe nombreuse d'hommes consacrés aux plus pénibles travaux des villes et des campagnes ?

Je sais qu'il peut y avoir excès en tout, et qu'une trop grande dépréciation des produits réagit à son tour sur la production et en altère la source. Mais espérons de la sagesse du gouvernement qu'il saura, dans la consommation du pays, défendre les produits indigènes contre l'invasion des produits étrangers; et que par une loi de douanes, sagement combinée, il maintiendra tout à la fois et le bien-être de la classe consommatrice et les intérêts précieux de l'agriculture, source première de la prospérité des empires.

(N°. 1.)

Assolement quadriennal pour trèfle.

1re. ANNÉE. *Culture sarclée*, c'est-à-dire labours divers, engrais conduits au printemps, culture et récolte de plantes légumineuses, crucifères ou tuberculeuses.

2e. ANNÉE. *Mars, trèfle*, c'est-à-dire sur nouveau labour et sans engrais, ensemencement au printemps de céréale de mars, et simultanément de graine de trèfle.

3e. ANNÉE. *Trèfle*, c'est-à-dire récoltes plus ou moins nombreuses de la prairie artificielle, suivies sur un seul labour et sans engrais d'un ensemencement de blé d'hiver.

4e. ANNÉE. *Froment*, c'est-à-dire récolte du blé d'hiver semé l'automne précédent.

(N°. 2.)

Assolement simple de six ans pour trèfle.

1re. ANNÉE. *Cassaille*, c'est-à-dire labours divers donnés à la terre, fumiers conduits, et ensemencement à l'automne de blé d'hiver.

2e. ANNÉE. *Blé d'hiver*, c'est-à-dire récolte du blé semé l'automne précédent.

3e. ANNÉE. *Mars et trèfle*, c'est-à-dire sur un nouveau labour au moins ; ensemencement au printemps de céréale de mars, et simultanément de graine de trèfle ; récolte de la céréale.

4e. ANNÉE. *Trèfle, trèfle*, c'est-à-dire première récolte de trèfle en fourrage ; deuxième récolte en graine.

5e. ANNÉE. *Trèfle, cassaille*, c'est-à-dire récolte de trèfle en fourrage, puis rupture de la prairie artificielle, suivie, à l'automne et sans fumier, d'un ensemencement en blé.

6e. ANNÉE. *Blé d'hiver*, c'est-à-dire récolte du blé semé l'automne précédent.

N°. 3. *ASSOLEMENT combiné de six ans pour trèfle.*

ANNÉES.	CHAMP A.	CHAMP B.	CHAMP C.	CHAMP D.	CHAMP E.	CHAMP F.
	—	—	—	—	—	—
1.	Cassaille.	Blé d'hiver.	Trèfle, cass.	Trèfle, trèfle.	Mars, trèfle.	Blé d'hiver.
2.	Blé d'hiver.	Cassaille.	Blé d'hiver.	Trèfle, cass.	Trèfle, trèfle.	Mars, trèfle.
3.	Mars et trèfle.	Blé d'hiver.	Cassaille.	Blé d'hiver.	Trèfle, cass.	Trèfle, trèfle.
4.	Trèfle, trèfle.	Mars, trèfle.	Blé d'hiver.	Cassaille.	Blé d'hiver.	Trèfle, cass.
5.	Trèfle, cass.	Trèfle, trèfle.	Mars, trèfle.	Blé d'hiver.	Cassaille.	Blé d'hiver.
6.	Blé d'hiver.	Trèfle, cass.	Trèfle, trèfle.	Mars, trèfle.	Blé d'hiver.	Cassaille.

(N°. 4.)

Assolement simple de sainfoin en douze années.

1re. ANNÉE. *Cassaille*, c'est-à-dire labours divers, fumier et ensemencement de blé d'hiver à l'automne.

2e. ANNÉE. *Blé d'hiver*. Récolte du blé semé l'automne précédent.

3e. ANNÉE. *Mars et sainfoin*. Ensemencement au printemps de céréale de mars, et simultanément de graine de sainfoin. Récolte de la céréale.

4e., 5e., 6e., 7e., 8e. et 9e. ANNÉES. *Sainfoin*. Récoltes diverses de la prairie artificielle qui est rompue à la fin de la 9e. année.

10e. ANNÉE. *Cassaille*. Labours divers, fumier et ensemencement de blé d'hiver à l'automne.

11e. ANNÉE. *Blé d'hiver*. Récolte du blé semé l'automne précédent.

12e. ANNÉE. *Mars*. Ensemencement et récolte de céréale de mars.

No. 5. **Assolement de Sainfoin** *combiné pour un couple de champs.*

Années.	Champ A.	Champ B.	Années.
1.	Cassaille.	*Sainfoin.*	1.
2.	Blé d'hiver.	*Sainfoin.*	2.
3.	Mars, Sainfoin.	*Sainfoin.*	3.
4.	*Sainfoin.*	Cassaille.	4.
5.	*Sainfoin.*	Blé d'hiver.	5.
6.	*Sainfoin.*	Mars.	6.
7.	*Sainfoin.*	Cassaille.	7.
8.	*Sainfoin.*	Blé d'hiver.	8.
9.	*Sainfoin.*	Mars, sainfoin.	9.
10.	Cassaille.	*Sainfoin.*	10.
11.	Blé d'hiver.	*Sainfoin.*	11.
12.	Mars.	*Sainfoin.*	12.

N°. 6. ASSOLEMENT COMBINÉ DE SAIN

ANNÉES.	1er. COUPLE.		2me.
	CHAMP A.	CHAMP B.	CHAMP C.
1.	Cassaille.	*Sainfoin.*	Mars.
2.	Blé d'hiver.	*Sainfoin.*	Cassaille.
3.	Mars, sainfoin.	*Sainfoin*	Blé d'hiver.
4.	*Sainfoin.*	Cassaille.	Mars, sainfoi
5.	*Sainfoin.*	Blé d'hiver.	*Sainfoin.*
6.	*Sainfoin.*	Mars.	*Sainfoin.*
7.	*Sainfoin.*	Cassaille.	*Sainfoin.*
8.	*Sainfoin.*	Blé d'hiver.	*Sainfoin.*
9.	*Sainfoin.*	Mars, sainfoin.	*Sainfoin.*
10.	Cassaille.	*Sainfoin.*	*Sainfoin.*
11.	Blé d'hiver.	*Sainfoin.*	Cassaille.
12.	Mars.	*Sainfoin.*	Blé d'hiver.

…N *pour trois couples de champs.* N°. 6.

…UPLE.	3me. COUPLE.		
CHAMP D.	CHAMP E.	CHAMP F.	ANNÉES.
Sainfoin.	Blé d'hiver,	*Sainfoin.*	1.
Sainfoin.	Mars.	*Sainfoin.*	2.
Sainfoin.	Cassaille.	*Sainfoin.*	3.
Sainfoin.	Blé d'hiver.	*Sainfoin.*	4.
Cassaille.	Mars, sainfoin.	*Sainfoin.*	5.
Blé d'hiver.	*Sainfoin.*	Cassaille.	6.
Mars.	*Sainfoin.*	Blé d'hiver.	7.
Cassaille.	*Sainfoin.*	Mars.	8.
Blé d'hiver.	*Sainfoin.*	Cassaille.	9.
Mars, sainfoin.	*Sainfoin.*	Blé d'hiver.	10.
Sainfoin.	*Sainfoin.*	Mars, sainfoin.	11.
Sainfoin.	Cassaille.	*Sainfoin.*	12.

N°. 7. ASSOLEMENT COMBINÉ DE SAIN

	1er. COUPLE.		2e. COUPLE.		3e. COUPLE.	
ANNÉES.	CHAMP A.	CHAMP B.	CHAMP C.	CHAMP D.	CHAMP E.	CHAMP F.
1.	Cassaille.	*Sainfoin.*	Mars.	*Sainfoin.*	Blé d'hiv.	*Sainfoin.*
2.	Blé d'hiv.	*Sainfoin.*	Cassaille.	*Sainfoin.*	Mars.	*Sainfoin.*
3.	Mars s. f.	*Sainfoin.*	Blé d'hiv.	*Sainfoin.*	Cassaille.	*Sainfoin.*
4.	*Sainfoin.*	Cassaille.	Mars s. f.	*Sainfoin.*	Blé d'hiv.	*Sainfoin.*
5.	*Sainfoin.*	Blé d'hiv.	*Sainfoin.*	Cassaille.	Mars.	*Sainfoin.*
6.	*Sainfoin*	Mars.	*Sainfoin.*	Blé d'hiv.	*Sainfoin.*	Cassaille.
7.	*Sainfoin.*	Cassaille.	*Sainfoin.*	Mars.	*Sainfoin.*	Blé d'hiv.
8.	*Sainfoin.*	Blé d'hiv.	*Sainfoin.*	Cassaille.	*Sainfoin.*	Mars.
9.	*Sainfoin.*	Mars s. f.	*Sainfoin.*	Blé d'hiv.	*Sainfoin.*	Cassaille.
10.	Cassaille.	*Sainfoin.*	*Sainfoin.*	Mars s. f.	*Sainfoin.*	Blé d'hiv.
11.	Blé d'hiv.	*Sainfoin.*	Cassaille.	*Sainfoin.*	*Sainfoin.*	Mars s. f.
12.	Mars.	*Sainfoin.*	Blé d'hiv.	*Sainfoin.*	Cassaille.	*Sainfoin.*

A:

pour six couples de champs. N°. 7.

4e. COUPLE.		5e. COUPLE.		6e. COUPLE.		
CHAMP G.	CHAMP H.	CHAMP I.	CHAMP K.	CHAMP L.	CHAMP M.	ANNÉES.
Cassaille.	*Sainfoin.*	*Sainfoin.*	Mars s. f.	*Sainfoin.*	Blé d'hiv.	1.
Blé d'hiv.	*Sainfoin.*	Cassaille.	*Sainfoin.*	*Sainfoin.*	Mars s. f.	2.
Mars.	*Sainfoin.*	Blé d'hiv.	*Sainfoin.*	Cassaille.	*Sainfoin.*	3.
Cassaille.	*Sainfoin.*	Mars.	*Sainfoin.*	Blé d'hiv.	*Sainfoin.*	4.
Blé d'hiv.	*Sainfoin.*	Cassaille.	*Sainfoin.*	Mars.	*Sainfoin.*	5.
Mars s. f	*Sainfoin.*	Blé d'hiv.	*Sainfoin.*	Cassaille.	*Sainfoin.*	6.
Sainfoin.	Cassaille.	Mars s. f.	*Sainfoin.*	Blé d'hiv.	*Sainfoin.*	7.
Sainfoin.	Blé d'hiv.	*Sainfoin.*	Cassaille.	Mars s. f.	*Sainfoin.*	8.
Sainfoin.	Mars.	*Sainfoin.*	Blé d'hiv.	*Sainfoin.*	Cassaille.	9.
Sainfoin.	Cassaille.	*Sainfoin.*	Mars.	*Sainfoin.*	Blé d'hiv.	10.
Sainfoin.	Blé d'hiv.	*Sainfoin.*	Cassaille.	*Sainfoin.*	Mars.	11.
Sainfoin.	Mars s. f.	*Sainfoin.*	Blé d'hiv.	*Sainfoin.*	Cassaille.	12.

N°. 8.

ASSOLEMENT DU

ANNÉES.	A.	C.	E.	G.	
1.	Cassaille.	Mars.	Blé d'hiv.	Cassaille.	*Sa*
2.	Blé d'hiv.	Cassaille.	Mars.	Blé d'hiv.	Ca
3.	Mars s. f.	Blé d'hiv.	Cassaille.	Mars.	Bl
4.	*Sainfoin.*	Mars s. f.	Blé d'hiv.	Cassaille.	Ma
5.	*Sainfoin.*	*Sainfoin.*	Mars. s. f.	Blé d'hiv.	Ca
6.	*Sainfoin*	*Sainfoin.*	*Sainfoin.*	Mars s. f	Bl
7.	*Sainfoin.*	*Sainfoin.*	*Sainfoin.*	*Sainfoin.*	Ma
8.	*Sainfoin.*	*Sainfoin.*	*Sainfoin*	*Sainfoin.*	*Sa*
9.	*Sainfoin.*	*Sainfoin.*	*Sainfoin.*	*Sainfoin.*	*Sa*
10.	Cassaille.	*Sainfoin.*	*Sainfoin.*	*Sainfoin.*	*Sa*
11.	Blé d'hiv.	Cassaille.	*Sainfoin.*	*Sainfoin.*	*Sa*
12.	Mars.	Blé d'hiv.	Cassaille.	*Sainfoin.*	*Sa*

L.	B.	D.	F.	H.	K.	M.	ANNÉES.
Sainfoin.	*Sainfoin.*	*Sainfoin.*	*Sainfoin.*	*Sainfoin.*	Mars s. f.	Blé d'hiv.	1.
Sainfoin.	*Sainfoin.*	*Sainfoin.*	*Sainfoin.*	*Sainfoin.*	*Sainfoin.*	Mars s. f.	2.
Cassaille.	*Sainfoin.*	*Sainfoin.*	*Sainfoin.*	*Sainfoin.*	*Sainfoin.*	*Sainfoin.*	3.
Blé d'hiv.	Cassaille.	*Sainfoin.*	*Sainfoin.*	*Sainfoin.*	*Sainfoin.*	*Sainfoin.*	4.
Mars.	Blé d'hiv.	Cassaille.	*Sainfoin.*	*Sainfoin.*	*Sainfoin.*	*Sainfoin.*	5.
Cassaille.	Mars.	Blé d'hiv.	Cassaille.	*Sainfoin.*	*Sainfoin.*	*Sainfoin.*	6.
Blé d'hiv.	Cassaille.	Mars.	Blé d'hiv.	Cassaille.	*Sainfoin.*	*Sainfoin.*	7.
Mars s. f.	Blé d'hiv.	Cassaille.	Mars.	Blé d'hiv.	Cassaille.	*Sainfoin.*	8.
Sainfoin.	Mars s f.	Blé d'hiv.	Cassaille.	Mars.	Blé d'hiv.	Cassaille.	9.
Sainfoin.	*Sainfoin.*	Mars s. f.	Blé d'hiv.	Cassaille.	Mars.	Blé d'hiv.	10.
Sainfoin.	*Sainfoin.*	*Sainfoin.*	Mars s. f.	Blé d'hiv.	Cassaille.	Mars.	11.
Sainfoin.	*Sainfoin.*	*Sainfoin.*	*Sainfoin.*	Mars s. f.	Blé d'hiv.	Cassaille.	12.

www.ingramcontent.com/pod-product-compliance
Ingram Content Group UK Ltd.
Pitfield, Milton Keynes, MK11 3LW, UK
UKHW021149260726
13994UKWH00001B/357

9 782329 420837